LA SCIENCE

DES

CANAUX NAVIGABLES,

OU

THÉORIE GÉNÉRALE

DE LEUR CONSTRUCTION,

OUVRAGE

DÉDIÉ AU ROI.

TOME PREMIER.

DE LA POSSIBILITÉ

DE FACILITER

L'ÉTABLISSEMENT GÉNÉRAL

DE LA

NAVIGATION INTÉRIEURE

DU ROYAUME,

DE SUPPRIMER LES CORVÉES,

ET D'INTRODUIRE DANS LES TRAVAUX PUBLICS

L'ÉCONOMIE QUE L'ON DESIRE;

Ouvrage qui intéresse tous les Ordres de la Société, mais plus particulièrement utile aux personnes qui sont appellées à la Gestion des Affaires relatives à l'Administration des Chemins, des Canaux de Navigation, du Commerce, de l'Industrie & de l'Agriculture.

Par M. DE FER DE LA NOUERRE, ancien Capitaine d'Artillerie, Académicien-Correspondant de l'Académie Royale des Sciences de Turin, de celle de Dijon, & présenté à l'Académie Royale des Sciences.

Veniet tempus quo Posteri nostri tam aperta nos nescisse mirentur. SÉNÈQUE.

A PARIS,

Chez L'AUTEUR, rue du Petit-Bourbon, N°. 13, Fauxbourg Saint-Germain.

M. DCC. LXXXVI.

Avec Approbation & Privilége du Roi.

Fautes à corriger.

Page 12, *ligne* 12, *aulieu de* excité à, *lisez* porté à.

Page 31, *lignes* 6 & 7, *aulieu de* à la difcuffion de la queftion importante que j'ai traitée, *lisez* aux queftions importantes que j'ai traitées dans cet ouvrage.

Page 36, *ligne* 6, *aulieu de* fubfiftent en nature. Les Paroiffes, *lisez* fubfiftent en nature, les Paroiffes.

Page 38, *ligne* 11, *aulieu de* On peut même affurer que l'effet que cette loi a produit, *lisez* On peut même affurer que l'effet de cette loi.

Page 43, *ligne* 9, partager, *lisez* diftribuer.

Même page, *ligne* 11, *aulieu de* autres, *lisez* routes.

Page 59, *ligne* 19, *aulieu de* l'exécution, *lisez* l'extinction; & dans la ligne fuivante, *aulieu de* l'extinction, *lisez* l'établif-fement.

Page 79, *lignes* 3 & 4, *aulieu de* 9, 12 & 18, *lisez* 6, 9 & 16.

Page 107, *ligne* 5 de la note, *aulieu de* réparation, *lisez* répar-tition.

Page 111, *lignes* 19 & 20, *aulieu de* remplaceroit, *lisez* rem-pliroit.

Page 161, *ligne* 9, *aulieu de* l'aire, *lisez* l'affaire.

Page 165, *ligne* 22, *aulieu de* ordonnés, *lisez* ordonnancés.

Page 171, *ligne* 4, *aulieu de* diverfe, *lisez* diverfes.

Page 185, *ligne* 3, *aulieu de* néceffaire, & à, *lisez* néceffaire, où & à.

Même page, *ligne* 20, *aulieu de* un pied, *lisez* feize pouces.

AU ROI.

SIRE,

LA queſtion que j'ai cherché à reſoudre dans l'Ouvrage que je prends la liberté d'offrir à Votre Majeſté, a principalement pour but le ſoulagement de la claſſe la plus malheureuſe de ſes Sujets, & ſa ſolution conduit en même temps à la poſſibilité de multiplier les jouiſſances des Riches, ſans augmenter leurs charges. Il s'agit des moyens de faciliter l'établiſſement d'un Syſtème général de navigation intérieure, de ſupprimer les corvées & d'introduire dans les travaux publics un nouveau régime, dont il réſulteroit une économie importante. Je puis donc,

S I R E , efpérer d'intéreffer la fenfibilité de Votre Majefté fous ce triple rapport. J'ofe même me perfuader que mon zèle ne pourroit lui déplaire, quand j'aurois à craindre de m'être égaré dans les recherches pénibles auxquelles je me fuis livré, pour étayer par des connoiffances pofitives, & par la démonftration, les moyens que j'ai cru propres à remplir les vues bienfaifantes que Votre Majefté avoit annoncées dans fon Édit de 1776.

Je fuis, avec le plus profond refpect,

S I R E ,

DE VOTRE MAJESTÉ,

Le plus humble & fidèle Sujet,
DE FER DE LA NOUERRE.

AVERTISSEMENT.

CET Ouvrage est la quatrième Partie d'un autre Ouvrage, intitulé : La Science des Canaux navigables, ou Théorie générale de leur construction. L'Académie des Sciences, ayant bien voulu me permettre de publier l'Ouvrage entier sous son Privilége ; & , des circonstances particulières me forçant de différer la publication des trois premières Parties, je m'empresse de lui témoigner ma reconnoissance des bontés dont elle m'a honoré, en faisant paroître sous ses Auspices la quatrième Partie, qui, par ce moyen, devient la première, & pour laquelle j'ai, sans doute, le plus besoin d'indulgence, par la difficulté qu'il y a de s'appuyer de la démonstration, lorsqu'il s'agit de matières où l'opinion étant, pour ainsi dire, seul consultée, le raisonnement qui la conduit, néglige souvent de s'étayer du secours des Sciences exactes pour amener la conviction, lors même que ces Sciences sont indispensablement nécessaires pour le diriger vers le but qu'il s'efforce d'atteindre.

INTRODUCTION.

LA question que je traite dans cet ouvrage intéresse l'humanité, &, sous ce rapport, elle mérite une sérieuse attention. Il s'agit, non de démontrer l'odieux d'une imposition qui est supportée, en grande partie, par la classe la plus indigente de la Société, mais de présenter les moyens les plus simples, & qui seroient les moins onéreux aux Peuples, pour remplacer cette imposition.

Je veux parler de la suppression de la corvée en nature, de ce travail gratuit qu'on exige du malheureux habitant de la campagne pour la construction de ces superbes chemins ſi néceſſaires au luxe, au commerce, à la ſplendeur d'un État, mais ſouvent nuiſibles au Pauvre qui les a le plus arroſé de ſes ſueurs, par le renchériſſement qu'ils procurent aux denrées dont ils facilitent la circulation.

Avant l'Édit de 1776, le mot de corvée étoit à peine connu dans la Capitale, & il ne le ſeroit peut-être pas encore généralement, ſi cette Loi, & la ſeule qui ait été publiée ſur cette impoſition, n'eût réveillé l'attention par la ſuppreſſion qu'elle en ordonnoit.

Les Riches furent effrayés du réſultat de cette impoſition, qui, depuis environ 50 ans, s'étoit ſucceſſivement accrue dans les Provinces. L'opinion de quelques Adminiſtrateurs, qui avoient oſé plaider la cauſe du Peuple ſur ce ſujet, n'avoit fait qu'une médiocre ſenſation. La diſcuſſion de la corvée ſe faiſoit dans des Sociétés particulières, qui s'occupoient de matières d'Adminiſtration ; &, ſi ces Sociétés gémiſ-ſoient en ſecret ſur la nature de cette impoſition, la plus fâcheuſe peut-être de celles qu'acquittent les Sujets du Roi, elles craignoient d'arrêter les progrès d'un établiſſement auſſi utile que celui des grandes routes, par les réflexions qu'elles ſe feroient permiſes. Elles répétoient entr'elles les incon-vénients qui réſultent en Adminiſtra-tion, lorſqu'on ne ſçait point à propos laiſſer ſubſiſter un mal paſſager, pour obtenir de grands avantages. La Province du Berry, qui, pendant 38 ans, avoit été ſoumiſe aux ſoins d'un Intendant, qui y avoit mérité le nom de Père du Peuple, étoit citée pour exemple. Les chemins de cette Province avoient été négligés, parce que les corvées paroiſſoient à M. Dodart un moyen trop rigoureux pour arriver à un but auſſi utile, & qu'il ne les commandoit qu'avec le regret de n'être point aſſez puiſſant pour en exempter les Communautés qu'il étoit forcé d'y aſſujettir. Peut-être encore, & je ne crains point de le dire, eſt-on moins excité à reconnoître l'injuſtice de la répartition d'une impoſition, lorſqu'on ne partage point la charge de cette Impoſition, & qu'au contraire on en retire de grands avantages. Ainſi on ne doit point être étonné, ſi, juſqu'au moment du Lit de Juſtice dans lequel on ordonna la ſuppreſſion de la corvée en nature, & qu'on y ſuppléroit par une augmentation fur les Vingtièmes, l'attention publique ; celle même des Tribunaux avoit été foiblement excitée au fujet de la corvée,

Je ne me permettrai point ici de répéter les inconvéniens de cette impofition, & les abus qui fe font introduits dans fa répartition. Les uns & les autres font aufli fortement exprimés qu'ils peuvent l'être dans le préambule de l'Édit de 1776, & dans le Mémoire que vient de publier M. de la Galaifière. Mais on ne les retrouve nulle part aufli clairement expofés, que dans les Procès-Verbaux de l'Adminiftration Provinciale du Berry, & dans le Mémoire que diftribua, l'année dernière, M. Dupré de Saint - Maur, ancien Intendant de Bordeaux, dont on connoît les lumières & le zèle pour le bien public, & qui avoit à se justifier des inculpations dont on l’avoit noirci aux yeux de la Nation ; inculpations que peut avoir à craindre tout Administrateur, tant que subsistera le régime du travail gratuit, qui, précédemment, avoit occasionné à M. Baillon (*) la querelle dont il fut la victime.

D’après cet exposé, MM. les Intendants sont, sans doute, d’autant plus intéressés à la suppression de la corvée qu’ils sont à peine autorisés à la commander. Mais la quantité des chemins qui ont été faits à corvée, est de onze mille neuf cent, à douze mille lieues ; & cette quantité n’est qu’environ la moitié de celle qui est nécessaire pour

---

(*) Intendant de Lyon.

former une communication entre toutes les Villes du Royaume. On chercheroit donc inutilement à fe perfuader
qu'il viendra une époque, où l'impofition deftinée à l'entretien & à la confection des chemins, devra enfin être
moins confidérable qu'elle ne l'eft
aujourd'hui ; car, lorfqu'il fe fera écoulé
affez de tems pour que les douze mille
lieues qui reftent à conftruire foient
achevées, il y aura alors vingt-quatre
mille lieues à entretenir. Mais, indépendamment que l'entretien de vingt-
quatre mille lieues exigeroit une fomme
à-peu-près égale à celle qui eft néceffaire
pour l'entretien des douze mille lieues
déjà faites & de la quantité de celles
qu'on ordonne être conftruites chaque
année, à cette époque les matériaux
feront devenus plus rares, & confé-

quemment plus chers qu'ils ne le font au moment préfent. Le prix de la main-d'œuvre fe fera néceffairement accrû par le défaut de concurrence dans les ateliers. Ainfi, loin d'appercevoir une diminution dans l'impofition que l'on propofe, pour remplacer la corvée, on voit, au contraire, que cette impofition s'accroîtra infenfiblement. Si l'on fuppofe, enfin, qu'elle doit s'élever à l'égal d'un Vingtième (*)

______

(*) On voit par le Tableau des contributions des Peuples, publié par M. Necker, que le troifième Vingtième établi au mois de Juillet 1782 ne fe monte qu'à vingt & un millions cinq cent mille livres, tandis que l'impofition de la corvée s'élève à vingt millions. Au contraire, fuivant les états des ouvrages faits à corvée, qui font fournis chaque année par M. de la Millière, cette même impofition paroît être de quarante-quatre à quarante-cinq millions. Cette différence dans le réfultat du produit de la corvée ne doit point furprendre, fi l'on fçait que l'Adminiftration Provinciale du Berry

dans

dans le moment actuel, on peut annoncer qu'il fera indifpenfable de l'augmenter confidérablement, & peut-être jufqu'à un autre Vingtième : Mais ces deux autres Vingtièmes ne devant être fupportés que par la claffe des Proprétaires non privilégiés, lors même qu'on fuivroit le régime fi heureufement réfléchi, qu'a introduit l'Adminiftration Provinciale du Berry, pour répartir le plus également cette impofition, on doit faire de férieufes réflexions avant de confentir que la corvée en nature foit remplacée par une contribution pécuniaire.

---

* fait avec une fomme d'environ deux cent quarante mille livres plus d'ouvrage qu'il n'en avoit jamais été fait à corvée dans cette Province, & dont on eftimoit le montant à près de fept cent mille livres. (*Voyez le Procès-Verbal de l'Adminiftration Provinciale du Berri publié en 1781.*

B

il eſt même probable qu'on auroit à craindre que , malgré le vœu des Parlements pour la ſuppreſſion de la corvée , vœu qui eſt ſi clairement expoſé dans l'arrêté du Parlement de Bordeaux du 14 Janvier 1785 , on n'éprouvât de leur part les mêmes difficultés que celles qu'ils élevèrent en 1776. J'ai mûrement peſé ces diverſes réflexions ſur la ſuppreſſion de la corvée ; & , plus j'ai réfléchi aux conſéquences des différens régimes qu'on a propoſés pour les remplacer, plus je me ſuis perſuadé que le moyen qui eſt diſcuté dans cet ouvrage, eſt un de ceux qui pourroit peut-être ménager davantage les intérêts des Peuples , & concilier les opinions. Je me ſuis arrêté à ce moyen , avec d'autant plus de confiance,qu'il procureroit au commerce & à l'agriculture un autre avantage qui n'étoit pas même foupçonné des Adminiftrateurs qui fe font occupés de la fuppreffion de la corvée, avantage fur lequel j'ai à fixer l'attention.

Livré depuis long-tems à l'étude de la Science des Canaux navigables, la théorie de cette Science prefqu'inconnue jufqu'à nous, eft devenue l'objet de mes méditations. Mais, pendant que je travaillois à développper les principes généraux d'une Science fur laquelle on trouve à peine quelques Auteurs à confulter, je cherchois fans ceffe les moyens de faciliter au Gouvernement la poffibilité de s'occuper d'une branche auffi effentielle de l'Adminiftration. En effet, inutilement fe feroit-on perfuadé des avantages que retireroit le commerce , fi l'on établiſſoit un Syſtême général de Navigation intérieure, ſoit en multipliant les Canaux, ſoit en perfeƈionnant la Navigation des rivières , ſi les vues qu'on propoſeroit ſe réduiſoient à des conſeils ſtériles par les ſacrifices des ſommes immenſes qu'elles exigeroient du Tréſor Royal. Dans cette intention, à meſure que je traçois le projet d'un nouveau Canal, d'une nouvelle communication des Mers ; que je développois la poſſibilité d'augmenter la profondeur d'un fleuve ou d'une rivière , dont les eaux trop baſſes à l'étiage , où la rapidité de leurs cours rendoient la Navigation impoſſible , je me gardois d'oublier de préſenter les moyens de finances pour l'exécution de ces divers projets. Mais ,

lorſqu'on ſe permet d'embraſſer l'enſemble d'un Royaume auſſi étendu
que la France, les moyens propres à
être employés pour quelques parties,
ne peuvent plus ſuffire ; car on
gêneroit alors néceſſairement les opérations du Miniſtre des Finances. Il
falloit donc arriver à un moyen général, & j'ai cru l'appercevoir dans le
rétabliſſement de la proportion qui
doit exiſter entre le tranſport par terre
& le tranſport par eau ; proportion
que l'on ſçait être de un à cent cinquante. Cette idée eſt celle que je
développe dans le cours de cet ouvrage. Ainſi, ce n'eſt plus ſeulement
de la ſuppreſſion de la corvée dont il
s'agira : mais encore de la poſſibilité de
faciliter généralement la conſtruction
des Canaux de Navigation. Le moyen

que je proposerai, réunira encore l'avantage d'amener inftantanément l'extinction de tous les Péages établis fur les
rivières, & de remettre entre les mains
du Gouvernement tous les Canaux
actuellement exiftants dans un tems
qu'il pourra limiter.

Je ne fçaurois donc affez répéter
qu'on ne doit point perdre de vue
que le moyen que je vais expofer pour
fupprimer la corvée, doit être examiné fous un double rapport; fous le
rapport de faciliter l'établiffement d'un
Syftême général de Navigation intérieure,& d'amener la fuppreffion d'une
impofition odieufe, en la remplaçant
par une autre impofition, qui retourneroit en entier au profit de la claffe
indigente, & qui feroit à peine fentie
par les Riches, par la facilité que

les uns & les autres auroient de s'y fouftraire.

Dès 1780, j'avois indiqué ce moyen dans un Mémoire que je publiai fur la théorie des Éclufes. Mais, à cette époque, j'étois loin d'avoir raffemblé affez de connoiffances pofitives en Adminiftration pour traiter *ex profeffo* une matière auffi importante ; & l'on fçait que, fans ces connoiffances, on auroit à craindre que les moyens qu'on expoferoit pour étayer fon opinion, eftropiés fans ceffe dans la difcuffion, ne vinffent à être rejettés, faute d'avoir été préfentés, fous tous les rapports, aux Adminiftrateurs qui auroient été char-gés de les examiner.

Une raifon plus puiffante me fit différer de communiquer mon travail à l'Adminiftration. J'étois alors perſuadé qu'il ſeroit utile de former une Compagnie pour faciliter l'exécution du Plan que je voulois propoſer. Mais ayant conſulté des perſonnes inſtruites & pénétrées d'un véritable zèle pour le bien public, on me fit obſerver que la propoſition d'une Compagnie, fût-elle compoſée de ceux qui auroient le plus de crédit ſur l'opinion de **M.** le Contrôleur-Général, ne pourroit être accueillie de ce Miniſtre, auquel il n'échapperoit pas, qu'en admettant un tel moyen, il exciteroit indubitablement les réclamations générales, lors même qu'on prétendroit, que le Gouvernement ne ſe trouvant point dans la ſituation de pouvoir faire les avances qu'exige un grand établiſſement, il étoit indiſpenſable d'y recourir. Enfin, on m'expoſa les dangers de remettre à une Compagnie, le produit d'une Affaire de Finances de cette nature, quelques fuffent les charges dont elle feroit tenue; & l'on me fit craindre que, fi j'en formois la propofition, on ne vint à rejetter au Confeil, & par cette feule raifon, un Plan dont les avantages fe préfentent fous tant de rapports. Dès-lors je m'occupai d'un autre travail; je cherchai le moyen de diminuer les avances que paroiffoit devoir exiger fon établiffement, de telle forte qu'elles ne puffent gêner en aucune manière les opérations du Tréfor Royal; & je crois avoir été affez heureux pour trouver ce moyen dans le Plan de Finances que je développe dans cet ouvrage, & fur lequel je recevrai avec reconnoiffance toutes les obfervations qu'on voudra bien m'adreffer.

Mais j'aurois incomplettement rempli la tâche que je m'étois impofée , fi j'avois négligé de m'occuper de la poffibilité d'employer avec la plus grande économie, les fonds qui feroient deftinés à remplacer les travaux qu'on obtenoit à corvée. Malheureufement dans un fujet qui paroît fi fimple , on verra reparoître les difficultés de parvenir à un moyen qui puiffe concilier toutes les opinions. Cependant, j'expoferai les abus que l'on peut craindre , en admettant, pour les ouvrages des ponts & chauffées , des Adjudications au rabais, des Adjudications fictives, des Adjudications générales, des Adjudications partielles. Je difcuterai fi une

Régie perfectionnée, femblable à celle qui eft établie pour l'emploi des fonds deftinés, par M. de Caraman, à l'entretien du Canal de Languedoc, ne feroit pas préférable à toutes efpèces d'Adjudication ; &, dans la fuppofition où l'opinion fe porteroit vers ce régime, j'examinerai fi les ouvrages devroient être faits généralement à la tâche ou à la journée.

Le Chapitre cinquième eft celui où je développe ces vues générales d'économie ; vues qui peut-être méritent le plus de fixer l'attention des Adminiftrateurs. En effet, elles feroient utiles, lors même qu'on laifferoit fubfifter la corvée en nature. Elles le deviendroient davantage fi l'on fubftituoit aux corvées une contribution pécuniaire. A la vérité, elles pourront, au premier coup-d'œil, paroître peu importantes à quelques perſonnes qui ne ſeroient point diſpoſées à croire qu'il n'y a que les petits eſprits qui négligent de chercher ce qu'il y a de grand dans une petite choſe, ou qui oublieroient que, dans un Royaume où l'on compte près de vingt-cinq millions d'Habitants, il n'eſt aucun objet général d'économie qui ne devienne intéreſſant. Paſcal n'avoit pas dédaigné de s'occuper de compoſer une Machine qui pût raſſembler tout-à-la-fois les avantages de procurer les moyens de tranſporter de lourds fardeaux, avec la facilité de les charger & de les décharger, & on lui doit la conſtruction du Haquet. Sans la diſcuſſion où je ſuis entré ſur les méthodes les plus avantageuſes de faire le tranſport, ſoit des marchandiſes par les grandes routes, ſoit des terres & autres matériaux dans les travaux publics, on ſeroit éloigné de penſer, qu'il pour-roit en réſulter une économie inſtan-tanée, tellement importante, qu'on ne craindroit point d'être ſoupçonné d'é-xagération en la fixant à plus de dix millions par année, & ce, en adoptant l'idée ſimple qu'en diviſant la charge des voitures, on diminueroit néceſſai-rement les dégradations des routes, & qu'en rendant les Machines à faire les tranſports les plus légères poſſibles, on acquéreroit la faculté de tranſporter avec les mêmes forces la plus grande maſſe de matières.

Ce Chapitre & le ſuivant fourniſſent une autre preuve qu'il ſeroit poſſible, par l'application du régime qui y eſt développé, de parvenir à ménager une somme peut-être plus confidérable fur les fonds deftinés à l'entretien des grandes routes, en obtenant l'avantage qu'elles foient conftamment praticables. Mais on n'eft pas toujours à portée, dans toutes les parties relatives à l'Adminiftration, de trouver la poffibilité d'étayer fes raifonnements de faits auffi pofitifs. Néanmoins, lorfque ces faits me manquoient, je me fuis efforcé d'y fuppléer par des probabilités tellement puiffantes, que je n'ai point à craindre le reproche d'avoir négligé aucuns moyens d'amener à la conviction, même fur tous les points où l'opinion feroit feule confultée. Car s'il eft vrai de dire que les hommes s'éclairent par la difcuffion ; il eft également certain que l'intérêt de la diſcuſſion ceſſe dès l'inſtant que le raiſonnement n'eſt point appuyé ſur des principes qui ne peuvent être conteſtés.

Il me reſte à ſupplier les perſonnes qui prendront quelque part à la diſcuſ-ſion de la queſtion importante que j'ai traitée, de me pardonner les répétitions que je me ſuis permiſes. J'ai penſé qu'elles étoient néceſſaires pour rame-ner ſans ceſſe l'opinion vers le but où je me propoſois de la conduire, étant perſuadé qu'on ne ſçauroit s'expliquer avec trop de clarté, lorſqu'il s'agit de plaider une cauſe qui intéreſſe auſſi généralement tous les Ordres de la So-ciété. Enfin ſi, malgré les recherches pénibles auxquelles je me ſuis livré pour étayer ſans ceſſe, par des connoiſſances poſitives, les moyens que j'ai préſentés pour fupprimer la corvée, faciliter l'établiffement d'un Syftême général de Navigation intérieure, & pour introduire dans les travaux publics l'économie qu'il eft poffible d'y apporter, on rejettoit mon travail pour lui préférer un autre travail, dont les avantages pourroient être plus fpécieux que réels, j'éprouverois une peine d'autant plus fenfible, que je me ferois inutilement efforcé d'indiquer la poffibilité démontrée, de procurer quelque foulagement à la claffe la plus malheureufe des Sujets du Roi, en multipliant néanmoins les jouiffances des Riches fans augmenter leurs charges ; problême dont la folution tenoit à une idée fimple, mais dont l'étendue de fes rapports avec les différentes branches de l'Adminiftration, multiplic tellement

tellement les combinaisons, que l'efprit peut à peine la faifir, & fouvent s'égare s'il n'eft conftamment ramené dans la marche qu'il doit fuivre par le fecours des Sciences exactes, fans lefquelles on tenteroit vainement de s'engager avec l'efpérance de quelque fuccès, dans la difcuffion que j'ai ofé me permettre.

Cependant, mon intention n'eft point d'effrayer, en donnant à penfer que la connoiffance des Sciences exactes eft indifpenfable pour entendre la folution des diverfes queftions que j'ai préfentées, mais de faire obferver qu'il étoit poffible, fans fatiguer l'efprit, de démontrer que l'étude des Loix ne fuffifoit pas aux Adminiftrateurs pour la geftion des affaires publiques, s'ils vouloient éviter de commettre ces erreurs qui leurs font tôt ou tard reprochées, les conseils des gens d'Art qu'ils ont à leur ordre, les éclairant souvent si imparfaitement, qu'ils devroient préférer dans une multitude d'occasions, d'oublier ce moyen de mettre leur conscience à l'abri des remords.

DE LA POSSIBILITÉ

DE FACILITER L'ÉTABLISSEMENT GÉNÉRAL DE LA NAVIGATION DU ROYAUME, DE SUPPRIMER LES CORVÉES, ET D'INTRODUIRE DANS LES TRAVAUX PUBLICS, L'ÉCONOMIE QUE L'ON DESIRE.

CHAPITRE PREMIER.

De l'Entretien des Chemins.

ON a fait en France, depuis cinquante ans, des ouvrages immenses pour les Chemins de Terre, & les Chemins par Eau, quoique plus importans, ont été négligés. Les premiers font même tellement multipliés & fi fuivis, que les Ingénieurs des Ponts & Chauffées apperçoivent l'impoffibilité phyfique de fuffire à leur entretien. Les matériaux qui étoient à portée des Routes, lors de leur conftruction, s'épuifent tous les jours. Déjà leur tranfport eft devenu plus difpendieux par l'éloignement où il faut les aller prendre, & dans les Généralités où les corvées fubfiftent en nature. Les Paroiffes font écrafées fous le poids d'un impôt qui s'accroît chaque jour.

Le mauvais état des principales Routes du Royaume, les plaintes du Commerce, celles des Voyageurs, atteftent à l'adminif-tration la vérité de ce Tableau effrayant. Les Routes de Lyon par la Bourgogne & le Bourbonnois; les Routes de Provence, de Bordeaux, de Bretagne, de Rouen, de Champagne, fe dégradent fenfiblement, & l'on n'ofe propofer des communications plus courtes, dans la crainte de furcharger ces nouvelles communications. Un mal enfin fuccède à l'autre, & il eft inftant de s'occuper des moyens d'y remédier.

Si l'on traverfe plufieurs Provinces au moment des Corvées, on eft toujours étonné de la quantité prodigieufe de matériaux qui font approvifionnés fur les Routes, on jugeroit au premier coup d'œil qu'il s'agit de la

conſtruction d'une Route neuve, où l'on
feroit tenté de croire, que la diſtribution
des tâches de Corvée a été mal ordonnée.
Mais vient - on à parcourir ces Provinces,
entre les deux époques où ces approviſion-
nements ſont renouvellés, on a peine à croire
qu'il y ait ſi peu de tems que les Routes ayent
été réparées.

Si au tranſport de terre plus multiplié, l'on
ajoute le poids énorme dont ſont chargées
les voitures qui parcourent les Grandes
Routes, & la mauvaiſe qualité des matériaux dont ces Routes ſont généralement
conſtruites, on connoîtra la cauſe de leur
deſtruction. Mais quels ſont les moyens d'y
remédier ? Il parut ſimple, lorſque le Gouvernement s'occupa de cet objet, de régler
par un Arrêt du Conſeil, le nombre des
chevaux qui pourroient être attelés aux voitures à deux roues. On eſpéroit par un tel
Réglement, que l'on engageroit inſenſible-
ment les Rouliers à ſe ſervir de voitures à
quatre roues. On étoit alors dans la per-
ſuaſion, que ces dernières voitures avoient
un tel avantage ſur les Voitures à deux
roues, que celles-ci devoient être proſcri-

tes. Dès 1722, M. de Camus, Gentilhom-
me Lorrain , avoit démontré cet avantage qu'ont les Voitures à quatre roues.
Plus récemment, Défaguilliers avoit répété
les expériences de M. de Camus, & les avoit
trouvées exactes. Malheureusement la queftion n'avoit pas été envifagée fous un point
de vue affez général. Le commerce reclama
contre la loi , & elle eft reftée, pour ainfi
dire, oubliée. On peut même affurer que
l'effet que cette loi a produit , bien loin
d'être utile , devoit être nuifible.

A la vérité , il étoit évident que, fi l'on
diminuoit la charge des Voitures, on diminueroit néceffairement les dégradations des
Routes. Il fut donc ordonné (1) que les
Voitures à deux roues ne feroient attelées
que de trois chevaux depuis le premier Avril,
jufqu'au premier Octobre , & de quatre chevaux pendant les fix autres mois de l'année.
La même loi permettoit, au contraire, qu'on
attelât aux Voitures à quatre roues, tel nombre de chevaux à volonté. Lorfqu'on fit un

---

(1) Déclaration du Roi du 14 Novembre 1724, enregiftrée au Parlement le 27 Janvier 1725.

pareil Réglement, on avoit négligé une autre queſtion bien autrement importante. On avoit oublié d'examiner la révolution que ce Réglement opéreroit dans le prix du tranſport, & que l'augmentation qui en réſultéroit, feroit ſupporter en pure perte pour l'Etat, une nouvelle charge par le Commerce qui ne pourroit être compenſée par la légère économie qu'on eſpéroit obtenir, en favoriſant la diminution des dégradations des Routes. Il eſt néceſſaire d'entrer dans quelques détails à ce ſujet.

Si l'on commence par examiner quelle doit être la charge d'une Voiture attelée de trois chevaux, on reconnoît bientôt la difficulté de la déterminer. En effet, la différence qui ſe trouve entre telle & telle eſpèce de chevaux, eſt premiérement à conſidérer, puiſqu'il ne peut y avoir de comparaiſon entre nos gros chevaux du Berri & du Poitou, connus généralement ſous le nom de chevaux de Braſſeurs, avec nos chevaux de trait ordinaires, & que dans cette dernière claſſe, il ſe trouve des variétés qui influent néceſſairement ſur le calcul qu'on veut établir. L'âge ou la force de

ces mêmes chevaux, doit fur-tout être regardé comme un élément de ce calcul. Par
exemple, tel Roulier aura un attelage compofé de jeunes chevaux, tel autre de chevaux de force, enfin, tel autre attelage fera
compofé de ces diverfes efpèces de chevaux,
& de différens âges. Or, il eft évident qu'il
doit fe trouver, entre ces différens attelages, des différences énormes dans le poids
de la charge qu'ils peuvent fupporter.

Mais il eft encore dans les charges une
différence qu'il convient de faire obferver.
Cette différence naît de l'opinion des Voituriers auxquels les chevaux appartiennent;
l'un voudra employer toute la force dont
ils font capables, l'autre au contraire préférera un moindre bénéfice, dans l'intention
de les ménager & de les conferver plus long-
tems.

Les différentes Provinces à parcourir, les
Pays de plaines ou de montagnes, les différentes Routes, la différence de leurs pentes,
les chemins de traverfe, les mauvais pas que
l'on rencontre néceffairement, lorfqu'on fuit
une grande Route, les montées imprati-
quables, les parties de Routes encore im-

parfaites, les Routes nouvellement conftruites, font autant de caufes phyfiques auxquelles il faut avoir égard, avant de déterminer le poids de la charge des voitures.

S'il s'agiffoit en outre de fixer le prix du
tranfport, le prix des chevaux, celui du harnois ou de l'attelage feroient également
dignes d'être pefés avec réflexion. Il faudroit
encore effentiellement faire entrer dans la
dépenfe d'entretien, le prix de chaque harnois, la dépenfe du charretier ou conducteur, & obferver enfin que ce dernier objet de dépenfe eft toujours à peu-près le
même pour toute efpèce d'attelage.

Si l'on a embraffé tous ces détails, on eft
fans doute étonné de la prodigieufe variété
qui fe trouve dans les données d'une queftion
auffi fimple ; mais c'eft fouvent faute d'avoir
porté affez d'attention à cette variété dans
les données du problême le plus fimple en
économie politique, qu'on arrive à des ré-
fultats fi différens.

Mais fi la queftion, que je cherche à réfoudre, fe complique déjà au point de de-
venir, pour ainfi dire, infoluble, du moins
apperçoit-on clairement, que la difpofition

de la loi dont je fais l'analyfe, étoit fondée
fur ce que la charge de ces dernières voitures, étant alors divifée en deux parties,
la totalité de la charge ou la preffion agif-
fante pour dégrader les routes, quelque
confidérable qu'elle fût, ne le feroit jamais autant que celle des voitures à deux
roues.

L'adminiftration, il eft vrai, ne fut pas
long-tems à reconnoître l'erreur où elle étoit
tombée, & la charge des unes & des autres
voitures, fe rétablit bientôt dans la proportion qui la détermine ; c'eft-à-dire, d'après
le plus grand bénéfice que les Entrepreneurs
du roulage pouvoient en efpérer ; ce plus
grand bénéfice, fi léger qu'il puiffe être,
étant la feule bafe réelle de tous les calculs
du commerce.

Au refte, on n'avoit pas apperçu qu'en
forçant les rouliers à ne fe fervir que de voitures à quatre roues, on donnoit au commerce des entraves qu'il eft à propos de
faire connoître.

En effet, plufieurs de fes branches font,
par leur nature, peu étendues ; d'autres branches, quoique confidérables en elles-mêmes,

fe divifent néanmoins de manière qu'il eft rarement poffible d'expédier à la fois d'un même lieu, & pour le même endroit, huit à dix milliers de marchandifes. Ainfi tel Entrepreneur de voitures qui aura fix ou huit attelages, fera obligé de les partager fur fix ou huit routes différentes. Il peut même arriver qu'il y ait des circonftances où cet Entrepreneur defireroit partager cette même quantité d'attelages fur dix, douze, ou quinze autres. C'eft pour cette raifon que le tranfport de la province à la capitale, s'élève généralement à un prix plus haut que le retour de la capitale à la province, parce que le roulier, ne pouvant pas toujours fe procurer une charge complette, & les frais étant les mêmes pour conduire trois milliers pefant de marchandifes, comme pour en conduire quatre milliers, doit néceffairement exiger un plus haut prix du millier, lorfqu'il charge moins, que lorfqu'il charge plus.

Cette obfervation eft fi vraie, que prefque tout le roulage de France fe fait avec des voitures à deux roues, & que dernièrement des Négocians de la Généralité de

Paris, qui avoient des attelages à quatre roues, ont été forcés de les abandonner, & de reprendre les voitures à deux roues. Ainsi le commerce toujours attentif sur ses intérêts, répète sans cesse dans le silence des expériences pour obtenir un plus grand bénéfice. Si ces expériences lui réussissent, bientôt il les communique de proche en proche, & le changement avantageux qu'il s'est procuré de lui-même, n'a pas besoin de loi pour qu'il s'opère généralement. Si au contraire il vient à reconnoître qu'il s'est trompé, il abandonne le nouveau régime qu'il vouloit établir, & reprend ses anciens erremens; d'où l'on peut conclure que la méthode de faire le roulage la plus généralement adoptée, est nécessairement celle que le commerce a jugé être la plus avantageuse.

Il y auroit donc de l'injustice à exiger des Entrepreneurs du roulage, qu'ils ne se servissent que de voitures à quatre roues, & un tel réglement renchériroit nécessairement le prix du transport. Cette autre assertion sera prouvée par les détails suivans.

La charge ordinaire des voitures à deux

roues, attelée de trois chevaux, est de trois à quatre mille cinq cens, & de quatre mille cinq cens à six milliers, lorsqu'elles sont ti-rées par quatre chevaux.

Or, le prix de six milliers pesants, tranf-portés par une voiture attelée de quatre che-vaux, doit être moins confidérable que le prix de quatre milliers tranfporté par une voiture attelée de trois chevaux : Car en fup-pofant que la dépenfe de chaque cheval re-vienne à cinquante fols par jour, & celle du conducteur au même prix, quatre milliers reviendront à 10 liv. tandis que fix milliers ne reviendroient qu'à 12 liv. 10 f. Le béné-fice fur le prix de la voiture, chargée de fix milliers, feroit donc de 2 liv. 10 f. Ainfi il eft démontré qu'en réduifant le nombre des chevaux qui pourroient être attelés aux voitures à deux roues, on augmenteroit in-failliblement le prix du tranfport, & que l'on feroit fupporter par le commerce en pure perte pour l'Etat, ainfi que je l'ai avancé ci-deffus, une augmentation de charge qui feroit bien plus importante en elle-même, que la légere diminution qui feroit opérée dans l'entretien des chemins.

Cette vérité deviendra plus senfible, fi l'on fe rappelle : que la loi qui régloit le nombre de chevaux qu'on devoit atteler aux voitures, fut à peine promulguée, qu'auffi-tôt le prix du tranfport s'éleva de plus d'un huitième (1). Les Huiffiers, les Maréchauffées, & autres

---

(1) Je ne préfente ici que des généralités, fans entrer dans des détails qui deviendroient minutieux ; néanmoins, fi l'on obfervoit que le prix du tranfport eft à-peu-près le même dans tout le Royaume depuis environ 40 ans, je répondrois que, depuis cette époque, les grandes routes ayant acquis un degré de perfection qu'elles n'avoient point, le prix du tranfport s'eft réellement accrû de toute la quantité dont il auroit dû diminuer. D'ailleurs, c'eft principalement le prix du tranfport par les Meffageries, qui n'a point fouffert de variation ; mais la quantité prodigieufe de Rouliers qui fe font fucceffivement établis, a dû faire naître une concurrence effrayante pour ces mêmes Meffageries. En effet, on eût bientôt abandonné le tranfport par ces Meffageries, fi elles en euffent augmenté le prix dans la même proportion que les Rouliers l'on fait infenfiblement. Le caroffe de Lyon, par exemple, a dû fe reftraindre à dix livres par quintal pour le tranfport jufqu'à Paris, lorfque les Rouliers prenoient de cinq à fept livres ; car la différence du tems que les unes & les autres voitures emploient à parcourir cette route n'eft pas affez confidérable pour que le Négociant n'eût bientôt entièrement abandonné le caroffe pour ne fe fervir que des Rouliers. Au refte, & ceci eft une réflexion importante ; on a la plus grande preuve de l'effet du prodigieux avantage qu'ont procuré les grandes routes, fi l'on confidère que les Rouliers qui, dans l'origine, avoient occafionné le rabais du prix du tranfport par les Meffageries, éprouvent aujourd'hui la même révolution à leur défavantage.

prépofés pour veiller à l'exécution du Réglement, faififfoient journellement des voituriers ; mais ces voituriers étoient-ils con-
duits par devant Meffieurs les Intendans ?
Rarement ils fubiffoient la peine qu'ils avoient
encourue, tant les raifons qu'ils pouvoient
alléguer, étoient légitimes.

Cependant la loi eft exécutée rigoureu-
fement dans quelques Provinces, & le tranfport fe fait par des voitures à deux roues,

---

Enfin, j'ajouterai que, depuis quelques années, le prix du tranfport
de Marfeille à Lyon eft porté de foixante à foixante & dix livres le
millier, aulieu de trente à trente-cinq livres ; celui de Lyon à
Paris de foixante à foixante-douze & quatre-vingt livres, aulieu
de quarante-cinq à cinquante-cinq livres que l'on payoit : donc
il eft prouvé contre l'affertion contraire, que le prix du tranfport
s'eft prodigieufement augmenté depuis environ 40 ans. Avant de
finir cette Note, je dois encore faire obferver qu'il faut bien
prendre garde de confondre le prix du retour de Paris dans les
Provinces, lorfqu'il s'agit de parler du prix général du tranfport,
parce que les Rouliers qui apportent à la Capitale, chargent à tout
prix pour le retour, plutôt que de s'en retourner à vuide. Il y a encore
d'autres Provinces qui n'ont point entr'elles de réciprocité de
Commerce, & qui, par conféquent, ne peuvent fervir à établir
le prix général du tranfport ; & je choifirai pour exemple la Flandre
& la Bourgogne. La première de ces Provinces tire fes vins de la
dernière, fans lui préfenter aucun moyen d'échange, du moins,
en Marchandifes de grand encombrement. Le prix du tranfport
de Lille à Dijon doit donc .'établir à un taux infiniment modique, tandis que celui de Dijon à Lille eft au contraire exceffif.

qui ne peuvent être attelées que de trois chevaux. Mais dès l'inftant que la loi n'eft pas généralement obfervée, il eft fimple d'imaginer qu'elle doit être avantageufe aux Provinces qui l'ont adoptée, & que ces Provinces auront reconnu qu'elles pouvoient faire tourner à leur profit les erreurs de l'adminiftration, en faifant acquitter, au moyen de cette loi, une partie de leurs impofitions par les autres Provinces du Royaume. En effet, fi le commerce de ces Provinces eft un commerce d'exportation de denrées qui ne croiffent que dans leur étendue, ou qui font apportées dans leurs ports, il eft indifférent pour le débit de ces denrées, que le prix du tranfport foit un peu plus ou un peu moins confidérable. Le Négociant l'ajoute à la valeur intrinféque de la denrée, & le confommateur finit par acquitter la totalité du prix. Mais ces Provinces auront empêché la dégradation de leurs routes, en réduifant la charge des voitures, elles auront donc bénéficié aux dépens des autres Provinces de la fomme qu'il auroit fallu qu'elles employaffent à la réparation de leurs chemins.

Si

Si dans d'autres parties du Royaume où
toutes les routes font pavées; dans les Provinces maritimes où le tranfport a lieu de
port à port, & toujours en plaine, le roulage fe fait avec des voitures à quatre roues;
c'eft qu'alors ces voitures font très-avanta-
geufes par la poffibilité de les charger jufqu'à quinze & dix-huit milliers; elles font
ordinairement attelées de fix à huit chevaux;
un feul conducteur fuffit; cette efpèce de
voiture a donc un prodigieux avantage fur
les voitures à deux roues, puifque dix-huit
milliers pefant n'occupent que huit chevaux
& un homme, tandis que les voitures à deux
roues, dans le cas le plus avantageux, em-
ployent douze chevaux & trois conducteurs
pour tranfporter le même poids : mais d'un
autre côté, on apperçoit combien ces voitures peuvent accélérer les dégradations des
routes, & cette obfervation eft une nouvelle preuve de l'erreur de l'adminiftration
relativement à la loi qui profcrivoit les voitures à deux roues, puifque cette loi, dont
l'intention étoit effentiellement de régler
la charge des voitures, de telle forte que
les routes puffent les fupporter fans fe dé-

D

grader fenfiblement, ne pouvoit être remplie d'une manière plus avantageufe par les
voitures à quatre roues, que par les voitures à deux roues.

Le roulage enfin de la Franche-Comté,
quoique pays de montagnes, fe fait ordinairement par des voitures à quatre roues;
il y en a de deux efpèces; les Guimbar-
des qui font attelées de fix à huit chevaux,
& des petites voitures très-légères qui font
tirées par un feul cheval. On charge fur les
premières autant de milliers à peu-près qu'il
y a de chevaux qui y font attelés. Sur les
petites voitures, on charge au contraire
douze à dix-huit quintaux, & un feul conducteur fuffit pour quatre à cinq de ces petites voitures. Les premières voitures font
défavantageufes au commerce, puifqu'elles
contribuent à renchérir le prix du tranfport:
les dernières paroîtroient avoir un avantage
fur toutes les autres efpèces de voitures, &
pour le commerce, parce qu'il eft impoffible de faire le tranfport à moindres frais,
& pour les chemins que ces petites voitures ne peuvent dégrader. Malheureufement
en propofant d'admettre cette manière de

faire le tranſport, on craint qu'on ne vienne à objeĉter que la fragilité de ces voitures, la quantité & l'eſpece de bois néceſſaire à ce genre de charronnage, la difficulté de faire tranſporter de très-gros fardeaux ſous une ſeule maſſe, l'eſpèce de conduĉteurs & de chevaux que ces voitures exigent qu'il ſeroit difficile de ſe procurer ; l'embarras enfin qu'elles occaſionneroient aux abords des grandes Villes, forment autant d'obſtacles qui s'oppoſent à ce qu'elles ſe multiplient.

On doit conclure de ce que je viens d'expoſer, que la queſtion relative aux moyens d'arrêter les dégradations des routes, préſente de grandes difficultés dans ſa ſolution. Elle effraya même quelques Adminiſtrateurs qui s'en occupèrent ſérieuſement, & le réſultat de leur travail fut, qu'il falloit laiſſer purement & ſimplement la plus grande liberté au roulage, & proſcrire tout réglement relatif à ce ſujet. L'opinion générale qu'une liberté indéfinie & abſolue dans le commerce, eſt l'unique moyen de le conduire à ſa plus haute ſplendeur, acheva de perſuader ces Adminiſtrateurs de la vérité de leur décifion. Je refpecte comme eux cette divinité tutélaire du commerce, cette liberté affranchie de toute entrave: mais la fageffe n'exige-t-elle pas qu'on prenne garde de fe laiffer féduire par des mots dont l'acception ne peut être générale fans conduire à l'erreur. Il faut fur-tout fe rappeller que depuis plus d'un fiècle, les faits n'ont ceffé d'être en contradiction avec ce principe de liberté indéfinie. Cette liberté feroit-elle donc un être de raifon? ou ne feroit-il pas plus raifonnable de penfer que, dans un grand État, toutes les branches de l'adminiftration doivent être tellement liées les unes aux autres, que les loix font indifpenfables pour maintenir l'équilibre, qui feroit bien-tôt rompu, fi on abandonnoit à elle-même une feule de ces branches.

Ainfi j'oferai propofer contre l'opinion de ces Adminiftrateurs, un réglement pour arrêter les dégradations des routes ; réglement qui devient chaque jour de plus en plus indifpenfable ; mais en même tems, je confeillerai de s'occuper de donner au commerce des canaux de navigation : car l'on fçait que la différence du prix du tranfport

par eau , au prix du tranſport par terre ,
eſt dans la proportion de 1 à 150 ; c'eſt-à-
dire, que lorſque le tranſport par terre de
telle quantité de marchandiſes revient à
7 liv. 10 ſ., le tranſport par eau de la même
quantité ſe feroit pour douze deniers. Or ,
voilà ſans doute un moyen puiſſant pour diminuer le prix du tranſport, & arrêter les
dégradations des routes , puiſqu'il les rendroit, en quelque ſorte , inutiles. Mais c'eſt
peut-être parce que cette vérité a été trop
connue, que les plus grands abus en ce
genre ſe ſont introduits. En effet , il parut
ſimple d'établir des droits ſur les rivières
dans des momens où la pénurie des finances de l'Etat lui faiſoit ſaiſir indiſtinctement
toute reſſource momentanée qu'on lui pré-
ſentoit. L'établiſſement des péages ſur les
rivières , & les chemins de terre , avoit pour-
tant un autre but.

Mais je ne traiterai point cette autre queſtion, ſans avoir fait obſerver que j'avois com-
muniqué à l'Adminiſtration les réflexions que
je viens de préſenter , long tems avant qu'on
rendit l'Arrêt du Conſeil du 20 Avril 1783 ,
Arrêt qui réduiſit le nombre des chevaux ,

mulets, & bœufs, qu'on pouvoit atteler aux voitures. J'infiftai même fur le peu de confiance que méritoit le moyen qu'on fe propofoit d'employer pour diminuer les dégradations des routes, indépendamment de celui de la diminution de la charge des voitures, & qui confiftoit à faire porter à fix pouces la largeur des jantes des roues, au lieu de trois pouces qu'elles ont généralement. Je démontrai à ce fujet l'erreur où étoient tombé MM. le Camus & Défaguilliers, lorfque ces fçavans crurent appercevoir, d'après les expériences qu'ils ont rapportés (1), que les chevaux tiroient avec plus d'avantage une voiture, dont les jantes des roues avoient plus de largeur, que lorfque cette largeur étoit moindre; & je fis remarquer qu'il falloit que cette largeur fut beaucoup plus grande pour en efpérer quelqu'avantage, relativement à la moindre dégradation des chemins, toutefois en ajoutant que leur état actuel ne permettoit pas encore qu'on fit ufage de ce moyen.

––––––––––––––––––––––––––––––––––

(1) Traité des Forces mouvantes, *in-8°*. 1722, & Phyfique de Desaguilliers *in-4°*. 1740.

L'Arrêt du 28 Décembre de la même année, ou celui que je viens de citer, avoit été rendu (1), attefte que mes réflexions étoient fondées, & qu'il eft poffible que les connoiffances pofitives fur une telle branche d'adminiftration, puiffent avoir été acquife plus complettement par un particulier ifolé, que par ceux que le Gouvernement commet pour s'occuper de ces recherches, fur-tout lorfque ces connoiffances ont quelque rapport avec les fciences exactes, & qu'elles deviennent par cette raifon plus difficiles à faifir.

---

(1) On trouvera à la fin de cet Ouvrage ces divers Arrêts.

D iv

CHAPITRE II.

Des Péages.

Les rivières formoient autrefois les limites naturelles des Etats, & les Souverains y
établirent leurs douanes; c'eft-à-dire, les
Bureaux des droits à percevoir fur les denrées & les marchandifes d'exportation &
d'importation dans les pays qui leur étoient
foumis.

Les chemins étoient alors impraticables pour
les voitures, les tranfports par eau étoient les
plus commodes & les plus fréquentés. Il parut
fimple d'impofer des péages fur les rivières,
fous le prétexte très-fpécieux d'en affurer la
navigation. Les Princes & les Seigneurs y
cherchèrent enfuite une reffource dans les
befoins publics. L'ufage des péages s'intro-
duifit, & ils fe multiplièrent à l'infini; ils
devinrent fouvent, de la part du Seigneur,
un moyen de récompenfe envers quelques-
uns de fes vaffaux. Ce fut là l'époque de
la tyrannie des péages. On ne craignit plus

de barrer les rivières pour contraindre les marchands au payement des droits qu'on exigeoit. Les réparations du lit & des bords de ces rivières furent négligées. La conftruction des moulins & autres ufines , achevèrent de ruiner la navigation. Le commerce enfin fut obligé de préférer le tranfport par terre : mais bientôt il éprouva les mêmes entraves que fur les routes qu'il venoit d'abandonner. On établit de nouveaux péages fur les grands chemins, pour remplacer ceux qui s'étoient éteints naturellement. On étayoit la légitimité de ce nouvel impôt fur les befoins indifpenfables de conftruire ou d'entretenir les ponts, & de réparer les chemins. Les mêmes caufes amenerent les mêmes abus, fur lefquels on feroit aifément un volume, s'il étoit queftion d'étaler une vaine érudition (1).

La néceffité de fupprimer ces péages fe fit enfin fentir. Louis le Gros, en 1120, ordonna leur abolition. Louis XII rendit en 1500 un Edit enregiftré au Parlement, qui

---

(1) Voyez le Traité des Canaux Navigables de M. de la Lande , Chap. XVI.

réduifit tous les péages à moitié. François I,
en 1539, déclara nul tout droit de péage,
& ordonna, par un Edit du 10 Mai 1544,
aux péagers de rapporter leurs titres. Henri II
publia en 1549, un Edit pour réformer les
péages du Rhône, de la Saone & de l'Ifere;
mais cette loi n'eut pas plus d'exécution que
celle de fes prédéceffeurs.

Sous Louis XIV, la Commiffion de 1661
nomma M. de Champigny, Intendant du
Dauphiné, pour la réformation des péages
du Rhône & de la Saone. L'Ordonnance de
1663, les Déclarations de 1708, 1711 &
1712, eurent le même objet. Sous Louis XV,
leurs réformations furent projettées par les
Arrêts du Confeil des 29 Août 1724, & 24
Avril 1725, reprifes fans fuccès en 1742,
traitées de nouveau, en 1766, par M.
Bertin.

Ces diverfes tentatives pour la fuppreffion des péages également infruétueufes,
annoncent de grandes difficultés; foit que
plufieurs ayent une utilité réelle par leur
application; foit que les autres fe trouvent
tellement autorifés par des titres incontef-
tables, qu'on ne puiffe les abolir, fans ac-

corder à leurs propriétaires une indemnité équivalente à leur produit.

La difposition de l'Arrêt du Confeil du 15 Août 1779, en atteftant cette vérité, démontre malheureufement l'impoffibilité où l'Etat fe trouve de pouvoir à la fois s'occuper de la conftruction de nouveaux canaux, & du rembourfement de ces divers péages, dont la navigation des rivières eft furchargée. Il eft même à craindre que l'intention de laiffer fubfifter les péages établis fur les canaux, ou fur les parties de rivières qui ne font navigables qu'au moyen des éclufes ou d'autres ouvrages d'art, ne faffe reparoître les inçonvéniens qu'on voudroit détruire.

Ce feroit enfin rendre à l'Etat un fervice important, de lui indiquer les moyens de faire les rembourfemens relatifs à l'exécution de ces péages, & de faciliter l'extinction d'un plan général de navigation intérieure, fans impofer fur les peuples de nouvelles charges. Je vais hafarder une opinion fur la poffibilité de ces moyens, qui réuniroient en même tems l'avantage d'amener la fuppreffion des corvées, & de favorifer

singuliérement l'agriculture , en lui resti-
tuant ces terreins immenses qui servent à
nourrir ce nombre excessif d'animaux que
nous occupons au transport par terre , &
qui seroient, en quelque sorte inutiles, si
cette espèce de transport étoit suppléée par
le transport par eau.

CHAPITRE III.

De la Poſſibilité de faciliter l'Établiſſement général de la Navigation intérieure du Royaume, & de ſupprimer les Corvées.

C'est principalement lorſqu'il s'agit de réſoudre une grande queſtion en fait d'administration, que l'on reconnoît la foibleſſe des ſecours qu'on eſt à portée de ſe procurer pour étayer ſon opinion ; ſouvent les idées qu'on croit les plus heureuſes, entraînent à leur ſuite des inconvénients qui échappent à l'Adminiſtrateur le plus inſtruit ; à plus forte raiſon peut-on être arrêté par la plus ſimple réflexion, faute d'avoir connu toutes les parties qui concourent à démontrer l'inſuffiſance de ſes moyens. Si l'on eſt convaincu de cette vérité, que faut-il penſer de ces écrits obſcurs qui tendent à troubler le repos d'un Miniſtre des Finances, en critiquant ſes opérations, au riſque de détruire le crédit public ? C'eſt certainement le plus grand & le plus dangereux abus qu'on puisse faire de l'esprit, puisqu'il est toujours à présumer, que toute opération en finance est la suite d'une discussion approfondie.

On se tromperoit néanmoins, si l'on se persuadoit qu'on ne dût point hasarder une opinion sur tel objet qui paroîtroit avoir échappé à une discussion réfléchie. La science de l'administration est composée de tant de branches différentes ; chaque branche est susceptible d'une si prodigieuse variété de combinaison, que l'esprit ne peut souvent embrasser sous tous ses rapports, une seule de ces branches. Aussi arrive-t-il tous les jours que telle opinion rejettée d'abord, est reprise l'instant d'après avec enthousiasme, que telle autre très-accréditée, est détruite au moment où elle paroissoit démontrée. Depuis vingt ans n'a-t-on pas vu mille systêmes d'administration proposés, admis & bientôt abandonnés ?

Lorsque sur telle ou telle partie, on trouve chez l'étranger une loi sage qui paroît être le résultat de réflexions heureusement combinées ; si le bien qu'elle opère est généralement reconnu, il semble qu'on peut s'appuyer d'une telle autorité. Enfin si la branche d'administration pour laquelle cette loi a été faite, regarde seulement la police intérieure de l'État où elle est en vigueur, sans tenir au système des puissances politiques de l'Europe, la valeur d'une telle loi est plus susceptible d'être appréciée.

La loi établie en Angleterre, en Flandres, en Hollande, dans une partie de l'Allemagne, dans les pays du Nord, sur la police des chemins, sur les moyens de les entretenir, est celle dont je me propose de discuter les avantages, quoique je n'ignore pas qu'elle ait été rejettée en France autant de fois qu'elle a été proposée. Mais à ces différentes époques, l'opinion n'étoit pas encore suffisamment ébranlée sur la possibilité que l'on trouveroit de soulager la classe indigente de la société, si l'on suppléoit la corvée en nature par une contribution pécuniaire. On ignoroit que l'établissement des barrières sur les grandes routes du Royaume, où l'on feroit acquitter un péage tellement modéré, que le commerce avec l'étranger n'en souffriroit aucune atteinte, pouvoit non-seulement opérer une révolution aussi heureuse, mais que cet établisfement faciliteroit encore les moyens de s'occuper de l'exécution d'un plan général de navigation intérieure, & conféquemment de faire rentrer avec avantage pour le commerce, les avances qu'on en auroit exigées.

Cependant on va peut-être s'élever contre cette propofition, & il paroîtra d'autant plus abfurde d'ofer efpérer qu'elle fixera l'attention, qu'on s'occupe actuellement de l'abolition de tous péages, généralement regardés en France comme des entraves onéreufes au commerce. Mais au lieu de fe roidir contre une opinion, on doit, quand on y eft invité, foumettre cette opinion à un nouvel examen, puifqu'il ne fuffit pas, pour la rejetter, qu'elle ait été plus d'une fois contredite.

Tout péage qui n'eft point réglé par un tarif uniforme, qui oblige les marchands, les voituriers, les voyageurs même d'en faire une étude particulière, eft fans doute un grand vice. Si ce même péage n'a été établi que dans l'intention d'augmenter le revenu du fifc, ou que fon produit ait été détourné par un motif quelconque de l'ufage

auquel

auquel il étoit deftiné, l'abus eft plus grand
encore. Enfin s'il fe joint à ce même péage
des exactions qu'on ne peut ni prévoir ni
empêcher, alors le péage met au commerce
des entraves qu'il faut détruire. On pourroit reprocher avec raifon à la plufpart des
péages établis aujourd'hui fur les rivières,
ou fur les grandes routes, de pareils inconvéniens. Il n'eft donc pas étonnant qu'au
premier coup-d'œil, la fuppreffion des péages femble indifpenfable. Néanmoins au nombre des raifons qui tendent à démontrer la
néceffité de l'abolition des péages, on peut
être furpris de trouver un motif qui les
autorife.

Il eft dit expreffément dans le préambule
de l'Arrêt du Confeil du 15 Août 1779.
« Sa Majefté ne comprend point dans les
» péages qu'elle a deffein de fupprimer, ceux
» établis fur les canaux, ou fur les parties
» de rivières qui ne font navigables que par
» des éclufes, ou autres ouvrages d'art,
» puifque ce font des navigations, pour ainfi
» dire, acquifes & confervées au prix d'une
» induftrie, dont la rétribution, bien loin
» d'être un facrifice onéreux pour le com-

» merce, eft la jufte récompenfe d'une en-
» treprife utile à l'Etat ».

Il eft donc des péages dont on ne peu contefter la légitimité. Mais fi l'on peut regarder un péage établi fur une rivière, ou fur un canal de navigation, comme légitimement impofé, comment fe perfuader qu'une pareille impofition fur les grandes routes feroit injufte. Les grandes routes ne font-elles pas également utiles au commerce, au luxe, aux étrangers, aux voyageurs ? Ne font-elles pas, comme les canaux de navigation, énormément difpendieufes à établir & à entretenir ? C'eft par le commerce que les uns & les autres font dégradés & détruits, pourquoi ne feroient-ils pas également conftruits & entretenus par le commerce ? Plus on réfléchit fur la force de cet argument, fondé fur un principe évident du droit naturel, moins il paroît poffible d'y répondre.

En Angleterre, en Flandres, en Hollande, dans une partie de l'Allemagne, il exifte des barrières où l'on acquitte un droit qui fert à l'entretien des chemins. En Angleterre, ce même droit fert encore à rembourfer les compagnies, aux dépens defquelles les grandes routes ont été conftruites. Ces péages rallentiffent fi peu la marche du commerce, qu'on fait qu'en Angleterre, on voyage avec autant de commodité & de célérité qu'en France. Tout le monde, fans acception de perfonne, eft affujetti à ces péages; le Roi même verroit les barrières fe fermer devant lui, fi quelques-uns de fes Officiers ne payoit à l'avance. De Londres à Richemont, lieu ordinaire de fa réfidence, il eft abonné par grace fpéciale, encore ne lui fait-on pas celle de l'abonner à l'année, il paye par quartier.

Cependant on connoît l'activité du commerce dans l'intérieur de l'Angleterre. Il feroit même difficile de fe former une idée de la prodigieufe quantité de voitures de toute efpèce que l'on rencontre fans ceffe fur les routes. Les environs de Londres préfentent dans ce genre un fpectacle, dont l'Etranger eft toujours étonné. Les barrières n'y font pas moins multipliées. On paye même un double droit les jours de fêtes, & ces droits font toujours différents, à raifon de la diftance des barrières, de la différence des voitures, de celle de leur poids, du nombre de leurs roues, de la largeur des jantes de ces mêmes roues, de la quantité de chevaux, dont les voitures font attelées ; mais une pancarte placée à chaque barrière exprime clairement le péage à acquiter. Perfonne ne murmure, parce que chacun connoît le principe de juftice qui a déterminé ce péage.

En Hollande, en Flandres, dans les Pays-Bas, la barrière eft toujours ouverte ; mais fi un voiturier paffoit outre, fans avoir payé les droits, il feroit pourfuivi & condamné à une amende fi difproportionnée à la légère taxe impofée, qu'on n'eft jamais tenté de paffer en fraude.

Mais l'établiffement des barrières peut avoir à redouter les obfervations qu'un voyageur ne manque jamais de faire, toutes les fois qu'il eft frappé d'un abus qu'il croit avoir remarqué. J'ai vu un Adminiftrateur qui venoit de parcourir la route de Bafle à Strasbourg, & qui, ayant été arrêté au paffage d'un pont qui étoit en ruine, pour acquitter le péage, demanda au Commis-Receveur fur quoi étoit fondé ce péage.

Pour la reconstruction du pont, répond le Receveur. — Mais il y a trente ans que je vois ce pont dans le même état. — Cela est vrai, Monsieur ; mais il faut que vous payez, si vous voulez passer. Voilà, sans doute, un abus des péages, & il en est beaucoup d'autres qui ont fui à mes recherches. Mais il seroit injuste d'en conclurre que l'établissement des barrières doit être rejetté. Ce même Administrateur ajoutoit que le passage du commerce d'Allemagne par l'Alsace n'étoit dû en partie qu'aux péages établis sur les routes de Suisse. Cette observation présente une plus grande vue. Mais cet Administrateur n'avoit peut-être pas reconnu que les péages de Suisse sont des espèces de Douane, où le Voiturier est visité rigoureusement, pour peu qu'il soit soupçonné de fraude. Or, ces sortes de péages mettent, en effet, de telles entraves au commerce, qu'on ne sçauroit les proscrire avec trop de sévérité ; & on ne doit point être surpris si, pour les éviter, le commerce préfère de passer par l'Alsace, aulieu de traverser la Suisse.

Néanmoins, les péages établis sur les

grandes routes, avec fimplicité de perception, & fagement modérés, préfentent des
avantages relativement aux Canaux de Navigation, qu'il faut développer.

La différence entre le tranfport par eau
& le tranfport par terre eft fi grande, que
le tarif des droits à établir fur les Canaux
paroît fimple à dreffer. On a penfé jufqu'à
préfent que la Navigation de tel Canal feroit
toujours en vigueur tant que le prix de la
voiture par terre excéderoit le prix de la
voiture par eau. On ne s'eft point embarraffé
de calculer la proportion qu'on devoit laiffer
fubfifter entre l'un & l'autre de ces prix.
Si, néanmoins, ce calcul n'eft pas fait par
une main habile & très-verfée dans l'Adminiftration, il en peut réfulter que le Canal
fera pour ainfi dire oublié. En effet, on
doit confidérer que, fur des marchandifes
de petit encombrement & de grande valeur,
la différence entre le prix du tranfport par
terre & celui du tranfport par eau forme
un objet fi peu important, que le Négociant préférera toujours le premier, à caufe
de la certitude qu'il apperçoit d'arriver à
jour fixe, avantage dont il ne peut efpérer

de jouir, en prenant la route par eau, fur-tout dans l'état d'imperfeَ&ion où font nos Canaux navigables.

Ainfi, on apperçoit comment il peut arriver que tel Canal de Navigation ne rempliffe pas l'objet qu'on s'étoit propofé, lorfqu'on a autorifé fa conftruَ&ion. Il faut cependant faire enforte que les droits établis fur les Canaux fuffifent, non-feulement pour produire l'intérêt des fonds employés à leur conftruَ&ion, mais encore pour opérer le rembourfement de ces mêmes fonds fi l'on veut qu'ils foient entrepris par des Compagnies. Or, il paroît démontré qu'il n'y a d'autre moyen pour conferver cette efpèce d'équilibre, qu'en établiffant une impofition fur les chemins de terre.

Mais, afin de fixer l'idée fur ce fujet, fuppofons, par exemple, qu'on établiffe de Paris à Briare un droit quelconque fur les chemins de terre, il eft certain que le Négociant, pour fe fouftraire à ce nou-veau droit, fe déterminera à fuivre le Canal de Briare qu'il évite aujourd'hui, parce qu'il ne trouve pas affez d'avantages à s'en fervir.

E iv

Le produit du Canal de Briare augmenteroit donc en proportion du paſſage plus
multiplié, qui réſulteroit de l'établiſſement
d'un péage ſur les grandes routes. On
pourroit exiger, ſans injuſtice, des propriétaires de ce Canal, qu'ils perfection-
naſſent ſa Navigation, & même fixer l'é-
poque à laquelle ces propriétaires ſeroient
rembourſés.

Ainſi, les péages par terre, ou l'établiſſement des barrières ſur les grandes routes,
peuvent non-ſeulement opérer la perfection
de la Navigation des Canaux, & conſéquemment des rivières navigables, mais
encore l'abolition des droits ſur les uns &
les autres. Il doit encore réſulter de l'établiſſement de ces mêmes péages la conſtruction de nouveaux Canaux de Navigation,
par la poſſibilité d'y établir des droits, pour
rembourſer les dépenſes qu'exigent ces con-
truction, comme il ſera facile de s'en convaincre, ſi l'on examine ce qui s'obſerve
en Angleterre. Lorſqu'il s'agit d'un projet
de chemins, on ouvre une Souſcription.
Eſt-elle remplie ? On préſente le projet
au Parlement; il eſt examiné; &, s'il eſt

reconnu avantageux, ou qu'il n'y ait point d'objection qui le faſſe rejetter, la Souſcription eſt reçue, & le projet eſt exécuté. On autoriſe l'établiſſement des barrières ſur ce nouveau chemin, dont le produit aſſure aux Souſcripteurs le rembourſement de leurs avances, ou ſimplement l'intérêt de leurs fonds. Il arrive aſſez ordinairement que, lorſque ces chemins ne ſervent qu'à des communications particulières, les Souſcripteurs abandonnent le droit de rembourſement, & on ne laiſſe ſubſiſter que celui qui eſt néceſſaire à leur entretien.

Si, par un moyen auſſi ſimple, les grandes routes en Angleterre ont été entrepriſes par des Compagnies, ne peut-on pas raiſonnablement eſpérer qu'il s'en formera de pareilles en France, pour la conſtruction des Canaux de Navigation, dès qu'il ſera prouvé que ces Compagnies pourront eſpérer l'intérêt & le rembourſement de leurs avances, toute entrepriſe quelconque étant fondée ſur ce ſeul & même principe.

Mais *la ſuppreſſion des corvées eſt une ſuite néceſſaire* de l'établiſſement des barrières ſur les grandes routes.

La néceſſité d'un réglement pour les grandes routes du Royaume eſt indiſpenſable. On
connoît l'état de dépériſſement & de dégradation où ſont ces grandes routes , & pour
ainſi dire l'impoſſibilité phyſique de les entretenir. On doit en attribuer eſſentiellement
la cauſe aux charges énormes des voitures.

En Angleterre , on n'a trouvé d'autre remède à cet inconvénient , que de fixer par
une loi le poids dont les voitures doivent être
chargées. On a établi , en outre, aux Turn-
picks une eſpèce de pont à baſcule (1) , qui
s'enfonce de quelques pouces , dès que la voiture eſt plus peſante que le poids ordonné.
Cette machine , auſſi ſimple qu'ingénieuſe ,
décèle la contravention , ſans qu'elle puiſſe
être conteſtée.

Cette loi ſi ſage & ce moyen ſi facile , pour
la mettre en exécution , auroit-elle des inconvéniens , que je n'apperçois point , puiſqu'on

---

(1) Cette eſpèce de baſcule eſt , ſans doute , une des inventions
les plus heureuſes , conſidérées politiquement. En effet , elle
ſubſtitue un moyen mécanique , pour déterminer rigoureuſement ſans injuſtice & ſans perte de tems la perception d'un
impôt, à une infinité de bras qu'il faudroit employer pour le
même objet.

répugne si fort en France à l'établir ? Pour y
suppléer, on avoit essayé de fixer par divers
Arrêts du Conseil le nombre des chevaux
dont on devoit atteler les voitures. On espé-
roit par ce moyen arriver au même but que
l'Angleterre ; mais bientôt on reconnut que
cette loi devoit opérer un renchérissement
considerable dans le prix du transport (1). Le
Commerce se plaignit ; on ferma les yeux
sur l'inexécution du reglement, & la loi de-
vint inutile.

Au contraire, comme en Angleterre les
barrières décélent la contravention, ces barrières remplissent parfaitement leur objet.
L'amende est la peine qui suit l'infraction de
la loi. Le voiturier paye un droit double ou
triple de celui qu'il eut acquitté, s'il n'eût
été chargé que de tel ou tel poids, & il continue sa route. Le Négociant qui s'attend à
cette espèce d'amende, ne murmure point.
Tout est réglé depuis le moment du départ
de la voiture, jusqu'à son arrivée ; il n'y a
ni dispute, ni contrebande, ni exaction.

------

(1) La Bourgogne a constamment rejetté cette loi, à cause
du transport de ses vins.

En Flandres, en Hollande où les canaux
font en plus grand nombre qu'en Angleterre, cette même loi n'eſt pas ſi rigou-
reuſe, parce que le tranſport des marchandiſes de grand encombrement ſe fait par ces
canaux. Il eût donc été inutile d'établir des
ponts à baſcules aux barrières, pour déterminer le tarif des droits à payer.

Au reſte, il ne faut pas croire que ces
droits ſoient exceſſifs, ils ſont aſſez généralement fixés à deux deniers par lieues pour
chaque quintal de marchandiſes, de quelque nature qu'elles ſoient, ou à 2 ſ. 6 den.
par lieue pour chaque cheval, quoiqu'il y
ait des parties de route où l'on paye juſqu'à
cinq & ſix ſols par lieue pour chaque cheval, dont une voiture eſt attelée. Le chemin de Londres à Richemont, comme le
plus fréquenté des gens riches, eſt ſur-tout
celui où les droits de péage ſont les plus
foits.

Cependant ces droits ſi médiocres, non-
ſeulement ſuffiſent pour l'entretien des chemins, mais encore au rembourſement des
frais des compagnies qui les ont entrepris.
On aſſure même que ces compagnies y

trouvent un bénéfice confidérable, & qu'il a été fouvent agité de remettre ces péages entre les mains du Roi, pour augmenter les revenus de fes Domaines.

Si le produit des barrières opére en Angleterre un effet fi heureux; s'il n'y a ni corvées ni impofitions pour les grandes routes, on eft porté à croire que les barrières produiroient en France un revenu fuffifant pour cette même partie; & l'on voit comment leur établiffement pourroit amener la fuppreffion des corvées.

Les barrières établies en Angleterre ont encore procuré les moyens de donner de l'extention à la loi relative au tranfport par terre : il a été arrêté, que les voitures dont les jantes des roues auroient neuf pouces de largeur, payeroient plus que celles qui auroient un pied, & ces dernières plus que celles qui auroient dix-huit pouces. Par ce moyen fimple, on a diminué confidérablement les dégradations des routes. On auroit peine en France à faire ufage d'un pareil réglement, tant que les grandes routes ne feront pas totalement perfectionnées. En Angleterre, les chemins font généralement conftruits avec des filex broyés, des galets de mer, des cailloux roulés, de gros graviers, & recouverts de gros fable. Ces matières font plus rares en France; & malgré le foin que l'on prend de réduire en petites parties les pierres qui recouvrent la chauffée, il faut convenir que le frottement qu'éprouveroit une roue, dont les jantes feroient très-larges, rendroit très-pénible le tirage des voitures, fur-tout fi l'effieu des roues de devant étoit plus court que l'effieu des roues de derrière. Ce réglement pourroit au plus avoir lieu dans les environs de Paris, & dans la Flandres, où toutes les routes font pavées.

La même loi qui a fixé en Angleterre la largeur des jantes des roues des voitures de rouliers, & la différence des longueurs des effieux dans les voitures à quatre roues, a en même tems ordonné, qu'on ne pourroit jamais atteler plus de huit chevaux à un chariot à quatre roues, & plus de cinq à une voiture à deux roues. Il eft rare qu'en France on en mette un plus grand nombre à ces dernières : mais les charriots, nos diligences, les voitures de meffageries, font fouvent ti-

rées par dix, douze ou quinze chevaux, &
les jantes des roues n'ont que trois à quatre pouces de largeur, au lieu de 9, 12 &
18, comme en Angleterre.

Un tel réglement étoit important; il ne
fuffifoit pas d'impofer une amende fur le poids
extraordinaire des voitures, il falloit encore
ordonner que ces poids n'excéderoient jamais
celui que la chauffée ne pourroit fupporter
fans être écrafée.

Plus on réfléchit fur la fageffe de la loi,
fur le réglement des grandes routes qu'a
donné l'Angleterre, plus on apperçoit l'é-
tendue des combinaifons dont étoit fufcep-
tible un pareil réglement. Cependant ce
réglement paroît fi fimple au premier coup-
d'œil, qu'il y a lieu de s'étonner, lorfqu'on
vient à l'approfondir. C'eft ainfi qu'en adminiftration, toute idée acquiert un dégré
d'extenfion qu'on étoit, fouvent, loin de foup-
çonner ; & l'on voit quel inconvénient il
réfulteroit, fi, lorfqu'on foumet cette idée à
l'examen, on négligeoit d'entrer dans les
détails de fes moindres parties.

En Flandres, en Hollande, dans les Pays-
Bas, dans le Brabant, le Haynault, le Tour-

naifis, dans toute l'Allemagne, & les pays du Nord, la loi relative à la police des chemins, eft pareille à la loi qui eft obfervée en Angleterre, & produit le même effet. On doit feulement obferver que les chemins ne font point comme en Angleterre, conftruits & entretenus par des compagnies, mais par le Gouvernement.

Mais, afin de prévenir les objections que l'on pourroit faire fur la nature de ces chemins, il convient de jetter un coup-d'œil fur leurs différentes conftructions.

Les chemins des Pays-Bas en général, font magnifiques. Deux rangées d'arbres plantés fur l'arrête intérieure du foffé, bordent le chemin, & déterminent fa largeur. On a penfé qu'il étoit inutile de planter, comme l'on fait en France, les arbres à fix pieds de l'arrête extérieure du foffé. Par ce moyen fimple, on a évité d'enlever inutilement à l'agriculture un terrein précieux. Les foffés fe dégradent moins, & l'œil du voyageur conftamment appuyé fur deux lignes droites & paralelles, ne s'apperçoit point des irrégularités des pentes, lorfqu'il fe trouve des parties en remblay, & d'autres parties

er déblay; la chauffée eft généralement conf-
truite en pavé de petit échantillon; la rareté
de la pierre, l'éloignement des carrières a
contribué à cette efpèce de luxe, qui eft
pleinement juftifié, dès que l'on fait qu'une
chauffée d'empierrement auroit été plus dif-
pendieufe & moins folide.

Les barrières ne font pas généralement
établies fur toutes les routes, ou plutôt elles
font fupprimées dans quelques diftriéts, parce
que quelques-unes de ces routes n'étant réellement que des chemins de communication
de Ville à Ville, & conféquemment inutiles
au commerce étranger à ces diftriéts, les
barrières mettoient au commerce intérieur
des entraves qu'il falloit détruire. Le Gouvernement de quelques diftriéts a donc confenti le rachapt de ces barrières, que follici-
toient les Communautés auxquelles ces chemins étoient feulement utiles.

Les prix des péages établis à ces barrières
varient fuivant les différens diftriéts où ils fe
trouvent. Les péages du Brabant font en
général les plus forts. Ceux du Haynault &
du Tournaifis font plus foibles. L'efpèce des
matières exportées en plus grande quantité de

F

ces Provinces, & le dégré d'utilité des routes par rapport au commerce qui leur eſt étranger, a déterminé le prix de ces péages.

Les hommes de pied ſeuls ſont exempts. Aux environs, & même à quatre & cinq lieues de pluſieurs Villes, les gens de la campagne, pour ſe ſouſtraire au péage des barrières, ont imaginé des eſpèces de brouettes dont ils ont allongé les bras, afin de changer leur centre de gravité, & de rejetter la charge de ces brouettes ſur les muſcles des épaules & des cuiſſes; aulieu que dans nos brouettes ordinaires les bras ſupportent le fardeau preſque en entier. A l'aide de ces grandes brouettes, les petits Cultivateurs tranſportent leurs denrées au marché le plus prochain de leur habitation, ou rapportent du marché les proviſions dont ils ont beſoin. Mais ſi, par ce moyen, le produit des barrières eſt moins conſidérable, d'un autre côté, les chemins ſont moins uſés, & tout eſt compenſé. Au reſte, le produit des barrières en général ſuffit, & au-delà, à l'entretien des chemins, excepté dans quelques parties, où la ſageſſe exigeoit que le réglement ne fut pas rigoureuſement obſervé.

En Hollande, il n'y a point de grandes routes. Dans un pays, coupé de canaux dans tous les fens, il eut été difficile d'y faire des chemins luxueux ; on les a réduits au fimple néceffaire. Ils n'ont, en général, que douze à vingt pieds de largeur. On les divife en chemins d'Été & en chemins d'Hyver. Les chemins d'Été font conftruits en terre forte, & font établis fur le fommet des digues. Les chemins d'Hyver font conftruits à même le terrein naturel ; terrein qui eft ordinairement un fable léger. Auffi jamais on ne trouve ni boue ni pouffière fur les chemins de Hollande. Il n'y a point de barrières fur ces efpèces de chemins : mais, fi l'on a été obligé d'employer l'art pour procurer le paffage, & que l'on ait conftruit une chauffée de pavé, une barrière auffi-tôt eft établie ; & ces barrières ne laiffent pas d'être multipliées. Il n'y a point d'arbres le long de ces chemins, parce qu'on a remarqué que les vents, qui font fouvent très-violents dans les vaftes plaines de la Hollande, en agitant les arbres, ébranloient les digues, & accéléroient leur deftruction.

Dans toute l'Allemagne & les pays du Nord, on trouve des barrières établies, comme en Hollande, fur les parties, où on a été obligé de conftruire de fortes levées ou des chauffées de pavé. Il y auroit, fans doute, un plus grand nombre de barrières, fi les chemins étoient plus avancés. Mais, dans les pays, où les froids exceffifs & les neiges durent très-long-temps, il doit y avoir peu de mois dans l'année où les chemins de terre foient impraticables, quoiqu'ils foient généralement en mauvais état ; & c'eft peut-être la raifon qui a fait négliger leur conftruction.

Dans tous les pays que je viens de parcourir, il n'y a ni corvée en nature, ni impofition quelconque pour les chemins. Cependant, lorfqu'il s'agit de la conftruction d'une route neuve, ou d'une réparation confidérable, le Gouvernement commande les voitures pour le tranfport des matériaux ; & voilà, fans doute, une efpèce de corvée : mais cette corvée eft payée. D'ailleurs, l'odieux de cet impôt difparoît par la néceffité abfolue dans laquelle on fe trouve d'employer ce moyen, qui, bien loin d'être une charge onéreufe aux Cultivateurs, eft au contraire un véritable foulagement qu'on leur procure, en les mettant à portée de faire un gain qui leur facilite la possibilité d'acquiter leurs impositions (1).

Si les avantages que retirent de l'établissement des barrières les différentes puissances où cette loi est en vigueur, font bien sentis: si le commerce intérieur de ces États est dans une très-grande activité; si les réglements observés par l'Angleterre pour la police des

____

(1) Ces impositions, quoiqu'infiniment moins considérables. qu'elles pourroient l'être, ne laissent pas de paroître infiniment pesantes à ces Peuples; tant il est vrai qu'il n'est point d'impôt qui ne soit vivement senti par la classe indigente, en ce qu'il augmente la dose de travail dont elle attend sa subsistance. Mais l'Homme d'État est obligé de détourner les yeux de ces réflexions. Il sçait qu'il faut nécessairement exiger du malheureux tout ce qu'il est possible dans ses momens de vigueur, afin d'être à portée de le secourir lorsqu'il est dans le besoin; il est, d'ailleurs, indispensable de le conduire à penser qu'il ne peut espérer de trouver que dans un surcroit de travail, l'adoucissement moral de son sort, l'oubli de ses peines, la possibilité enfin de se souftraire à la misère qui sans cesse le menace. Et souvent, en employant les moyens les plus vrais, pour remplir cette vue politique, on n'est pas assez heureux pour qu'ils soient jugés tels par ces hommes qui, foiblement instruits dans la Science de l'Administration, font entendre journellement leurs déclamations criminelles. Mais, en même tems qu'on est forcé d'avouer la nécessité d'imposer la classe indigente, l'Humanité réclame ses droits, & avertit tout homme qui est appellé à la Gestion des Affaires publiques, de ne point augmenter ses charges, sans avoir épuisé tous les moyens qui pourroient le lui faire éviter.

chemins , peuvent fur - tout être regardés comme perfectionnés ; fi la néceffité , enfin, de rendre en quelque forte le tranfport par terre plus cher en France pour faciliter l'exécution du plan général de la Navigation intérieure du Royaume, eft démontrée, l'éta-bliffement des barrières eft, fans douce, le moyen le plus fimple & le moins onéreux qu'on puiffe propofer pour arriver à ce but. Mais, fi le renchériffement infenfible qu'o-péreroit l'établiffement de ces péages ne de-voit être que momentané , & que le prix de ce même tranfport dût bientôt être diminué dans une proportion infiniment plus grande , on acquéreroit une nouvelle preuve des avan-tages de cette impofition.

Or, la quantité des Marchandifes qui arri-vent dans la Capitale par les grandes routes , depuis que le tranfport par eau eft prefque nul , eft devenue fi prodigieufe, que le prix du tranfport a exceffivement augmenté. Par l'é-tabliffement des barrières, ce prix, il eft vrai, s'accroîtroit encore momentanément; mais le but de cet établiffement étant de faciliter la conftruction des routes par eau , la pro-portion qui doit exifter entre le tranfport par terre & le tranſport par eau , ſe rétabliroit bientôt, & le commerce bénéficieroit alors dans cette même proportion , que l'on ſçait être , je ne puis aſſez le répéter , de 1 à 150. Ainſi, l'on apperçoit comment l'établiſſement des barrières, loin de pouvoir être préſenté comme un établiſſement onéreux au commerce , lui ſeroit au contraire très-utile. Il importe d'autant plus de ſaiſir la vérité de cette obſervation, qu'on pourroit ſe laiſſer ſurprendre par les objeƈtions ſuivantes.

Le prix de la voiture devant néceſſairement s'ajouter au prix de la matière tranſportée , ſi l'on renchérit le premier , on augmente le ſecond : mais le prix de pluſieurs eſpèces de marchandiſes voiturées par terre eſt déjà ſi exceſſif en raiſon de leur valeur intrinsèque , que nous ne pouvons ſoutenir la concurrence avec l'Étranger. Nos outils aratoires ; les gros fers indiſpenſables pour la conſtruƈtion des Vaiſſeaux ; les menus ouvrages d'acier, ſont principalement les objets dont nos Armateurs & nos Marchands ſont obligés de ſe fournir chez nos voiſins.

A cela je reponds : Si le but de l'établiſſement des barrières n'étoit pas de déterminer

le tranſport par eau, & de rétablir conſéquemment la proportion qui doit ſe trouver
entre le prix de ces deux tranſports, cet
établiſſement preſenteroit quelques inconvénients : mais il eſt évident que, lorſque les
grandes communications par eau ſeront établies dans l'intérieur du Royaume, le prix du
tranſport diminuera neceſſairement dans une
telle proportion qu'on n'oſe même l'aſſigner,
& que bientôt après les différentes branches
de commerce que nous ſommes contraints
d'abandonner par une ſuite de la cherté
exceſſive du tranſport par terre, ou par l'excès des abus des péages actuellement établis
ſur quelques rivières, ſeront repriſes, &
rendues à la France. Il eſt quelquefois des
maux qu'on doit augmenter, pour enſuite
y porter un remède plus certain. Les octrois
de la Saone préſentent à ce ſujet une réflexion
importante. La Bourgogne ne s'eſt point op-
poſée à leur augmentation ſucceſſive, parce
qu'elle crut appercevoir que ces octrois
étoient acquittés par les Provinces méridio-
nales, ou en général par le commerce qui
lui eſt étranger. Mais il en a réſulté pour
elle-même un mal qui avoit échappé á ſes

recherches, & certainement l'État y a beaucoup perdu. Pour fixer l'opinion à ce sujet,
il ne faut que jetter les yeux sur le tranfport
des fers de la Franche-Comté qu'on voiture
par terre, depuis Pontarlier jufqu'à Lyon,
aulieu de profiter de la rivière de Saone, le
plus beau Canal que puiffe offrir la Nature.

On fait une autre objeĉtion. On craint
que l'établiffement des barrières ne faffe acquitter, par la Capitale & les plus grandes
Villes du Royaume, la totalité, pour ainfi
dire, de la conftruĉtion des Canaux de Navigation, celle des chemins & leur entretien,
tandis qu'aujourd'hui ces charges font fup-
portées par toutes les Provinces. Cette objeĉtion n'eft que fpécieufe, & il eft facile
d'y répondre.

On fçait que les dépenfes qu'exigent la
conftruĉtion des grandes routes & leur entretien, retombent, en grande partie, fur la
claffe la plus indigente de l'État, & que cette
claffe n'en retire, ni ne peut même en efpérer aucun avantage. Le tranfport par terre
eft cependant fi difpendieux, que les riches
& les pauvres acquittent, fans s'en appercevoir, un droit très-onéreux au commerce,

qui ne tourne au profit ni des uns ni des
autres. Au contraire, l'établissement des barrières faisant payer pendant quelques années
par le commerce, cette espèce d'impôt, il
en résulteroit du moins, dès l'instant même,
un adoucissement des charges que supportent
les malheureux; &, par la suite, le transport par eau lui étant rendu, le bénéfice qu'il
obtiendroit de ce transport, le dédommage-
roit au centuple de ses avances. Mais, si l'on
considère l'établissement des barrières comme un impôt, du moins est-on forcé d'avouer
que cet impôt qui auroit le grand avantage
sur tous les autres impôts, d'être perçu d'une
manière insensible, est peut-être le seul que
l'on puisse *distribuer avec plus de justice entre
les pauvres & les riches, puisque chacun ne
paye qu'en raison de ses consommations & de
ses besoins.* D'alleurs l'Etranger, qu'on sçait
dépenser dans ses voyages en France plus
de trente millions, acquitteroit une partie de
cet impôt, & voilà, sans doute, un nouvel
avantage de l'établissement des barrières, qui
ne peut être raisonnablement contesté. Enfin, cet établissement rendroit à l'Agriculture, indépendamment de la suppression de

la corvée , une quantité de bras qui lui font fouvent enlevées dans des moments où ces bras lui feroient les plus utiles , & les Peuples jouiffant de cette heureufe aifance , d'où naît ordinairement la tranquilité & la douceur de la vie , fe rappelleroient à jamais la main bienfaifante de l'augufte Monarque qui leur auroit procuré ce degré de bonheur qu'ils peuvent efpérer de la fageffe de fes vues.

C'eft donc une très-foible objection contre l'établiffement des barrières , que de prétendre que la dépenfe des chemins & des Canaux feroient , par ce moyen , uniquement fupportée par les grandes Villes du Royaume. On voit même à l'aide de la plus fimple réflexion , que cette objection n'eft point fondée , & combien il eft aifé de la détruire.

Le nombre prodigieux de Commis qu'il faudroit créer pour percevoir les péages , paroît élever une autre difficulté contre l'établiffement des barrières : mais loin que ces Commis puiffent être regardés comme une nouvelle charge de l'Etat, ce feroit au contraire un grand moyen de récompenfe pour cette prodigieufe quantité de fujets , qui , pendant long-tems , ont rendus des fervices qu'on eſt dans l'impuiſſance de reconnoître, du moins ſans multiplier les charges du Tréſor Royal. Au reſte, ſi ce moyen étoit rejetté, ces péages ne pourroient-ils pas être levés par les Commis des Fermes, chargés de la vente du ſel & du tabac dans tous les Bourgs & Villages? On voit donc cette multiplicité de Commis, dont le nombre ſembloit effrayant, diſparoître, pour ainſi dire, par la plus ſimple réflexion. Cependant, on auroit ſoin de ne point multiplier les barrières ſans néceſſité; & s'il s'introduiſoit quelques abus à ce ſujet, comme on peut le craindre, l'Adminiſtration ſeroit toujours à portée d'y remédier.

Mais l'établiſſement des barrières préſente un autre avantage qu'il faut développer; c'eſt de faire éviter les rembourſements qui ſeroient indiſpenſables, ſi l'on ſuivoit le ſyſtême actuel de ſupprimer tous les péages.

Les divers péages qui ſe perçoivent ſur les chemins de terre, pourroient ſubſiſter au moyen de l'établiſſement des barrières. Si le Roi s'en emparoit, il rembourſeroit aux propriétaires de ces péages, ce qui ſeroit prouvé leur être dû pour les indemnifer. Mais fi les péages, après être rentré dans les mains du gouvernement, le produit devoit refter le même, leur rachat exigeroit de légers facrifices du Tréfor Royal ; au contraire, le rembourfement feroit très-confidérable dans le cas de la fuppreffion totale, *& cette fuppreffion feroit peut-être très-injufte, en ce qu'elle feroit fupporter une nouvelle charge d'entretien pour ces mêmes parties de routes par la province où ces péages font établis, tandis que cet entretien fe fait aujourd'hui aux dépens du commerce qui lui eft étranger.*

Eclairciffons ceci par un exemple. Suppofons qu'il fubfifte fur une telle route un péage dont le produit foit de 6000 liv. & que ce péage appartient à un particulier, à la charge d'entretenir cette route. S'il eft démontré que cet entretien ne monte qu'à 3000 liv. ce particulier bénéficie de 3000 liv. fur le produit du péage. Si l'Etat venoit donc à en ordonner la fuppreffion, il devroit une indemnité de foixante mille liv. au propriétaire de ce péage. Cependant l'entretien de la route où ce péage étoit éta-

bli, retomberoit à la charge de la province
où cette route fe trouveroit. Or, ne feroit-
il pas jufte d'indemnifer également cette province ; & fi on négligéoit de le faire, la fuppreffion du péage ne pourroit-elle pas être
comparée à une nouvelle impofition qu'on
auroit mife fur cette même province. C'eft
ainfi que fouvent un Miniftre des Finances
croit appercevoir un avantage dans telle
opération ; & fi l'on vient à l'analyfer, on
voit que cet avantage n'eft prefque toujours
acquis qu'aux dépens d'une nouvelle charge
impofée fur une autre partie.

Un Adminiftrateur fortement ébranlé par
les avantages de l'établiffement des barrières, étoit en peine de fçavoir, fi les récoltes des terres qui fe trouveroient fituées
près des barrières, feroient affujetties à acquitter le péage. Non certainement. Non-
feulement il faudroit exempter le laboureur
riverain dans ces moments où il recueille
les fruits de fes peines : mais encore lorfqu'il voiture les engrais qui font deftinés à
féconder les terres. Le Receveur des barrières connoîtroit bientôt à qui appartiennent les voitures que la loi auroit exemp-

tées, & la contravention ne feroit point à
craindre.

Quant aux péages établis fur les grandes
rivières, fi l'on fuivoit le fyftême que j'ai
propofé de fubftituer des canaux artificiels à
la Garonne, à la Loire, au Rhône, &c.
on voit que ces péages fe détruiroient d'eux-
mêmes, fans que leurs propriétaires puffent
être fondés à réclamer une indemnité : car
on pourroit leur dire : Tel péage ne vous
a été accordé qu'à la charge de l'entretien
de tel ouvrage d'art : or cet ouvrage eft
aujourd'hui inutile; fon entretien eft ceffé ;
donc il ne vous eft point dû de péage pour
un objet qui ne fubfifte plus.

Les péages de la Seine & ceux de la Saone,
feroient donc les feuls dont la fuppreffion ref-
teroit à la charge du Gouvernement. Mais il
n'eft pas difficile de démontrer que l'économie, qui doit réfulter pour l'entretien des
chemins de l'établiffement des barrières,
donnera la facilité, non feulement de fupprimer & de rembourfer ces péages, mais encore de perfectionner la navigation de ces
rivières. Il ne faut pour s'en convaincre,
que preffentir le produit de ces barrières.

J'ai dit ci-deffus que le tarif des droits
à établir fur les canaux de navigation,
relativement aux diverfes efpèces de marchandifes dont ils facilitent le tranfport,
étoit très-difficile à dreffer. C'eft même
un très-grand abus en adminiftration, que
l'établiffement de ces fortes de tarifs, puifque les droits devroient être égaux pour toute
efpèce de marchandifes, & conféquemment
affez modiques, pour ne point empêcher le
tranfport des marchandifes de grand encombrement & de peu de valeur : mais quel doit
être ce tarif général ? On apperçoit aifément la difficulté de le déterminer : car fi
on le fixoit à un prix trop modique, le produit des droits fe trouveroit exceffivement
réduit, & il faut néanmoins qu'il foit affez
confidérable pour fournir à l'entretien de
ce canal, & au rembourfement des frais de fa
conftruction. Il ne feroit donc pas poffible
d'établir un femblable tarif fur les canaux de
navigation, à moins que ces canaux ne
fuffent conftruits aux frais du Gouvernement,
Mais l'on fçait que la dépenfe de ces diverfes
conftructions étant exceffive, il n'eft guères
permis d'efpérer qu'on puiffe de long-tems
s'en occuper.　　　　　　　　　　Mais

Mais les grands chemins, au contraire, ayant été conftruits d'après un autre régime, il eft facile d'y adapter le principe que je viens de développer. En effet, le but de l'établiffement des péages fur ces grands chemins, étant de former un produit affez confidérable pour fuppléer la corvée, il fuffiroit de fixer la fomme à faire acquitter par chaque quintal de marchandifes, d'après les mêmes principes établis en Angleterre, dont nous avons démontré la fageffe, quant au plan & la facilité de l'exécuter, mais en obfervant que cette taxe devroit être beaucoup moins forte en France qu'en Angleterre, à caufe de la différence du prix des denrées & de la main d'œuvre, & parce qu'il ne s'agiroit plus, je le répète, de faire acquitter les dépenfes premières de conftruction de la plus grande partie des routes, mais uniquement de fe procurer un produit qui puiffe, par la fuite, fuffire à leur entretien.

D'après cette obfervation, cette taxe, qui feroit la même pour toute la France, & pour toutes les efpèces de marchandifes, pourroit être fixée à un denier par quintal pour chaque lieue. Le poids d'une voiture à deux roues, attelée de trois chevaux, feroit réglé à 4500 liv. & celui des charriots à quatre roues, attelés de fix chevaux, à neuf milliers. Cette taxe feroit double, ou de deux deniers par quintal, lorfque le poids de ces voitures excéderoit celui qui vient d'être indiqué, & qu'au lieu de trois chevaux, il en feroit attelé quatre fur la voiture à deux roues, & huit fur le chariot à quatre roues. Cette même taxe enfin feroit portée à quatre deniers par quintal, lorfqu'il feroit attelé cinq chevaux à la voiture à deux roues, & dix chevaux fur le charriot; & que le poids de ces voitures feroit en outre au-deffus de 6000 liv. pour les premières, & de douze milliers pour les dernières. Ces différentes taxes feroient cependant réduites aux quatre cinquièmes pour les voitures dont les jantes des roues auroient fix pouces de largeur ; aux trois cinquièmes pour celles dont les jantes des roues auroient neuf pouces, & à moitié lorfque ces jantes auroient un pied. Il feroit défendu de mettre fur les unes & les autres voitures un plus grand nombre de chevaux. Des machines à ba cules ou efpèces de Romaines qu'on établiroit, non à chaque barrière, mais à la diftance & aux endroits où elles feroient jugées néceffaires, fur lefquelles on feroit paf-fer ces voitures, indiqueroient le poids de leur charge ; & le prix à acquitter feroit réglé en raifon de ce poids : car il ne feroit pas jufte de faire payer à ces voitures une charge qu'elles n'auroient pas, quoiqu'elles euffent un plus grand nombre de chevaux que le nombre fixé par le réglement, pour déterminer le prix à acquitter (1 .

J'entens une nouvelle objeétion. La taxe que vous venez de propofer, me dira-t-on, quoiqu'infiniment légère, feroit trop confi-dérable, relativement aux marchandifes de grand encombrement & de peu de valeur, comme les bleds, les fers, les pierres, les bois, &c.; mais il n'y a qu'un mot à répon-dre ; c'eft qu'il n'eft jamais arrivé, & qu'il n'arrivera jamais, de faire tranfporter par terre ces objets de commerce, d'un lieu

---

(1) J'ai indiqué, dans le Chapitre où je traite de l'Entretien des Chemins, les raifons qui m'ont porté à rédiger ainfi le Réglement que je propofe, c'eft-à-dire, à ne point prendre pour bafe de la taxe des voitures aux barrières, le nombre des chevaux dont elles feroient attelées.

très-éloigné d'un autre lieu, si ce n'est dans
ces tems de calamité que l on ne fçauroit
affez promptement oublier : car alors ce ne
feroit pas feulement le péage à acquitter
aux barrières, qui rendroit l'exportation de
ces denrées impoffible, mais le prix du tranfport en lui-même. Cette réflexion eft tellement importante, qu'elle répond à tous les
raifonnemens qu'on oppoferoit à l'opinion
de l'établiffement des barrières.

Au refte, il eft heureux, lorfqu'on a
une machine à conftruire, d'avoir un mo-
dèle exact, dont il ne s'agit que de fuivre
les mouvemens. Il feroit même fuperflu de
chercher à réformer dans un nouvel établiffement des abus qui, peut-être, ne fubfiftent
que parce qu'ils en ont fait difparoître d'autres qui étoient plus grands. Croyons enfin
qu'un réglement, une loi, une police établie depuis long-tems dans un pays où l'on
fçait penfer, réfléchir & agir, font à peu-
près auffi perfectionnés qu'on puiffe l'efpérer.

On fait néanmoins une autre objection
contre l'établiffement des barrières qu'il faut
détruire. Le tranfport par terre opére la con-
fommation de toutes les denrées, & principa-

lement des foins, des pailles, de l'avoine, de l'orge, &c. fur les terres même, pour ainfi dire, qui les ont produites; les engrais leur font conféquemment rendus, & les ré-coltes, par ce moyen fimple, font prefque toujours également abondantes. Au contraire, fi l'on établiffoit des barrières, on diminueroit le tranfport par terre, la France deviendroit entiérement navigable, les routes ne feroient plus auffi fuivies, les denrées enfin n'auroient plus le même débouché. Mais cette réflexion peut-elle donc regarder les péages que nous propofons ? Probablement les intérêts de l'Etat auront été difcutés, lorfqu'on arrêtera le plan d'un fyftême général de navigation intérieure; & fi l'utilité de ce plan eft démon-trée, je n'aurai pas moins rempli l'objet que je m'étois propofé, en indiquant les moyens les plus vrais pour en faciliter l'exécution.

On dira peut-être qu'il eft à craindre que les barrières n'apportent des retards dans la marche du commerce, par la perte du tems néceffaire pour acquitter les droits au paf-fage de ces barrières; mais fi l'on fuit le ré-glement établi en Angleterre, pour déter-

miner dans un inftant ces mêmes droits ,
on conviendra que cette crainte n'eft point
fondée. Quelques perfonnes ajoutent, qu'il
feroit odieux que les gens riches fuffent continuellement arrêtés à des barrières, où ils feroient fouvent expofés à avoir des difcuffions
défagréables avec les Commis, & s'appuyent
fur le retard qu'on éprouvoit quelquefois
au paffage du Pont de Sèvre, lorfqu'il y exif-
toit un péage , en rappellant l'evénement
qui en fit ordonner la fuppreffion. Ainfi un
abus très-léger en lui - même , & auquel il
étoit facile de remédier, détermine l'opinion.
Mais ce facrifice que l'établiffement des péages paroît exiger des gens riches par le retard qu'ils éprouveroient au paffage des barrières , eft purement idéal , puifqu'il feroit
aifé de charger d'en acquitter les droits, les
poftillons des poftes auxquels on remettroit
vingt-fix fols par cheval, au lieu de vingt-
cinq qu'on paye aujourd'hui, & que l'on fe
propofe d'exempter toutes voitures bour-
geoifes, qui feroient conduites par les chevaux de leurs propriétaires ; cette exemption paroiffant fuffifamment juftifiée, fi l'on
réfléchit que le confommateur finit toujours

par acquitter les droits impofés fur les denrées, & que, lorfqu'il s'agit d'établir une
nouvelle loi, il faut confidérer le moral de
la nation, & s'y prêter. C'eft ainfi qu'en
analyfant les objeftions les plus viftorieu-
fes en apparence, qu'on ofe oppofer à la
propofition la plus utile, on parvient à en
découvrir la foibleffe. On doit encore obferver que l'augmentation propofée fur le
prix des chevaux de pofte, feroit un des
profits les plus certains que l'Etat retireroit
de l'établiffement des barrières, puifqu'il eft
vrai que de toutes les voitures qui parcourent une route, les voitures conduites en
pofte font celles qui lui caufent moins de
dommage. Enfin, les Etrangers qui voyagent en France, acquitteroient, comme on
l'a déjà obfervé, une partie de ce profit, & on
ne peut contefter que cette partie ne pourroit
être repréfentée par aucun autre moyen.

Mais, comme il feroit poffible de s'appuyer de l'autorité de quelques puiffances
pour combattre le fyftême de l'établiffement
des barrières que j'ai cherché à étayer par
un femblable moyen, je remarquerai qu'il
faut fur-tout prendre garde de ne pas con-

fondre l'espèce de péages qui viennent d'être supprimés en Ruffie, en Bavière, dans les Etats du Pape, avec ceux qui fubfiftent en Angleterre, en Flandres, en Hollande, fur les grandes routes. Les premiers faifoient éprouver au commerce des entraves qu'il falloit détruire, comme on l'a remarqué ci-deffus. Les autres au contraire font la fuite d'un réglement mûrement réfléchi, & qu'on fe fût gardé de laiffer fubfifter, s'il eût porté quelques atteintes au commerce de ces pays que l'on fçait être dans une activité bien autrement importante, que celui de la Ruffie & de la Bavière. Mais il arrive fouvent qu'on oublie, lorfqu'il s'agit de difcuter une opinion, & que l'on veut s'appuyer par des exemples, qu'il faut préfenter ceux dont les rapports ont entr'eux le plus d'analogie.

On pourroit, fans doute, opérer le rétabliffement de la proportion qui doit fe trouver entre le tranfport par terre & celui par eau, par tout autre réglement ; mais on doit faire attention que ce ne feroit jamais qu'aux dépens du commerce. Il eft même à craindre que les entraves qu'on chercheroit à mettre au tranfport par terre, ne fuffent fenties

plus promptement que l'exécution des canaux ne pourroit être achevée , & qu'on
ne fût forcé d'abandonner un projet aussi
utile, pour avoir sacrifié à l'opinion qui auroit fait rejetter le moyen le plus sûr de l'e-
xécuter. Il seroit, il est vrai, plus heureux
qu'il n'y eût aucuns péages, ni sur les rivières, ni sur les canaux, ni sur les grandes
routes ; mais n'est-ce pas désirer une chose
impossible , que de former un pareil vœu?
Les corvées ou les impositions quelconques
qui les remplaceroient , ne sont-ils pas des
péages acquittés sous une autre forme ? Peut-
on croire que six jours de travail gratuit
qu'on exige , chaque année , d'un malheureux journalier, pour la confeĉtion ou l'entretien des chemins , ou douze ou quinze
sols pour le même objet , ne sont pas un
péage bien autrement excessif , que si ,
par une suite des barrières qu'on propose
d'établir sur les grandes routes, il résultoit
que ce même journalier fut forcé, à l'instant
où l'intempérie des saisons lui fait éprouver
un mal momentané plus cuisant que celui
de la faim qui le tourmente sans cesse, de
payer un denier de plus l'habit dont il se

couvre ? Lorfque la Breffe eut reconnu dans la fuppreffion de la corvée, les avantages qu'en retireroit cette claffe de malheureux qui gémiffoient fous le poids d'un impôt qu'ils ne pouvoient acquitter, les Adminiftrateurs de cette Province crurent appercevoir dans une augmentation du fel qu'ils déterminèrent à 9 liv. par quintal, un moyen de faire fupporter ce même impôt par le Clergé, la Nobleffe, & le Tiers-Etat. Mais le fel étant une denrée de première néceffité, c'eft encore un impôt forcé que vous mettez fur le pauvre, au lieu que, par l'établiffement des barrières, il auroit mille moyens de s'y fouftraire ; & s'il finiffoit par l'acquitter en partie, ce ne feroit alors qu'une efpèce de compenfation de l'avantage qu'il auroit retiré en trouvant un travail à prix d'argent qui manquoit auparavant à fa fubfiftance (1).

---

(1) Les États du Mâconnois n'ont point fupprimé la corvée. Mais ils fe font occupés des moyens d'adoucir cette impofition. Ils ont arrêté, comme on pourra le voir par la Délibération du 3 Février 1781, rapportée dans le feptième Chapitre de cet ouvrage, qu'il feroit payé à chaque Manœuvre cinq fols par chaque jour de corvée qu'on lui demanderoit ; &, quant aux voitures

Quelques perſonnes perſuadées que les corvées ſont odieuſes, & qu'elles ne peuvent être tolérées qu'en les regardant comme une heureuſe idée fiſcale, comme un moyen nouveau de multiplier entre les mains du Souverain, les efforts & les ſacrifices de ſes peuples, mais en même tems, convaincues que de pareils moyens ne pourroient plaire à un Monarque qui ſeroit jaloux de faire ſervir ſon autorité au bonheur de ſes ſujets, ont imaginé de propoſer une impoſition ſur les terres, pour remplacer les corvées. Mais peut-on ignorer qu'une nouvelle impoſition

deſtinées au tranſport des matériaux, qu'il ſeroit accordé à leurs Propriétaires une légère gratification par forme d'indemnité, qu'on régleroit d'après le travail auquel on les auroit aſſujéties.

La réflexion que préſente ce Réglement des Etats du Mâconnois eſt facile à ſaiſir. Ils ont reconnu l'injuſtice de la réparation de la corvée, & l'ont diminuée. Mais ce qui en ſubſiſte, eſt-il moins injuſte? Je ne prononce point; mais j'ai peine à croire qu'un Réglement qui annonce, on ne peut pas en diſconvenir, les vues d'humanité & de ſageſſe, dont ſont pénétrés les Adminiſtrateurs de la Province du Mâconnois, puiſſe être adopté généralement, & être préféré à l'établiſſement des barrières. Néanmoins, il eſt heureux que le Réglement du Mâconois ait eu lieu. C'eſt un pas de plus qui a été fait vers la démonſtration de la difficulté qu'il y a de préſenter un régime qui puiſſe concilier tous les intérêts.

fur les terres feroit une charge qui retourneroit d'une manière peut-être plus cruelle au
défavantage de cette claſſe malheureuſe qu'on
auroit cherché à foulager , puiſque cette
impoſition produiroit le même effet qu'une
augmentation inſtantanée fur le pain. Ne
feroit-ce pas furvendre au peuple les fruits
de la terre, les lui ravir, attaquer le principe de fon exiſtence, que de le priver par
un nouvel impôt, des moyens de la conſerver. L'impôt fur les terres eſt, fans doute,
le feul impôt qui puiſſe concilier les intérêts publics avec les droits des citoyens ;
mais les impoſitions font déjà fi fortes fur ces
mêmes terres, n'y eût-il aucunes terres pri-
vilégiées, que propofer, je le répète, une
nouvelle taxe fur les terres pour détruire
les corvées, c'eſt changer la nature du mal,
au lieu d'y remédier. Une contribution pécuniaire, comme en Berry , établie par
forme d'impoſition additionnelle à la taille
dans les campagnes , & à la capitation
dans les Villes principales, rendroit, fans
doute, aux corvéables leur poſition infiniment moins malheureuſe. Mais fi l'on fçait
que cette impoſition s'eſt élevée dans cette

Province au tiers du principal de la taille pour les paroisses les moins éloignées des chemins, & au sixième pour celles qui en étant plus reculées, participoient moins à leurs avantages; & qu'on se rappelle que l'excès des impôts établis sur les fonds, expose à recourir sans cesse, & à des saisies & à des contraintes, & à tous ces moyens rigoureux qui font une source de désolation pour les petits propriétaires, on gémit d'être obligé de n'avoir à proposer pour remplacer les corvées, qu'un moyen aussi onéreux. L'Arrêt du Conseil qui autorise cette contribution pécuniaire en Berri pour suppléer la corvée en nature, présente encore une réflexion également affligeante. Il y est dit, Art. IV. « que la contribution pécuniaire de » chaque communauté sera répartie sur tous » les taillables indistinctement, au marc la li- » vre du principal de la taille, & dans les villes » de Bourges & d'Issoudun, au marc la livre » de la capitation; de manière que les plus » bas cotisés ne puissent payer moins de 15 s., » & qu'il ne soit établi aucune taxe sur les pau- » vres imposés à moins de 10 s. de taille & de » capitation ». Mais certes, la classe du peuple

qui eſt impoſée à 10 ſ. de taille ou de capitation, eſt bien près de l'indigence abſo-
ſolue; & dans cette claſſe, il ſe trouve des
veuves, des artiſans de toute eſpèce, des
infirmes, des vieillards auxquels les travaux
des chemins ne ſçauroient être d'aucune reſſource, pour augmenter leurs moyens de
ſubſiſtance. La taxe de 15 ſols, à laquelle
cette partie du peuple eſt impoſée pour ces
mêmes travaux, eſt donc hors de toute
propoſition; & voilà, ſans doute, un inconvénient de la contribution pécuniaire. Mais
ſi l'on ſçait que la taille & la capitation ne
ſont pas toujours reparties ſuivant les facultés
des contribuables (1); que le riche a mille
moyens pour cacher une partie de ſa for-
tune, tandis que celle de l'homme qui vit
du travail de ſes mains, celle du petit propriétaire dans les Villes, du petit cultivateur
dans les campagnes, eſt généralement connue; on apperçoit que la contribution

---

(1) La vérité de cette aſſertion a été reconnue par le nouveau
travail fait à ce ſujet par l'Adminiſtration Provinciale du Berry.
(*Voyez le Procès-Verbal que cette Adminiſtration a publié
en 1780, page 195*).

pécuniaire repréfentative de la corvée, mul-
tiplie l'injuftice de la répartition de la charge
des travaux publics. Ce moyen de remplacement de la corvée préfente un autre
inconvénient qu'il faut faire connoître. Si
l'on cherchoit à l'établir généralement, fuivant les principes adoptés par la Province
du Berry, les Villes principales du Royaume
verroient néceffairement leur capitation s'é-
lever à un tiers en fus de ce qu'elle eft
aujourd'hui, & ce feroit une nouvelle charge
qu'elles auroient fans doute peine à fupporter.
On doit ajouter que fi dans l'intention d'é-
viter leurs réclamations, on les exemptoit
de cette nouvelle charge, fous le prétexte,
que n'ayant jamais été affujetties à la corvée,
& qu'elles font d'ailleurs tenues de l'entretien
de leur pavé, elles ne doivent point la partager, il réfulteroit que la nouvelle loi remplaceroit imparfaitement les vues de juftice
qui l'auroient motivée. Enfin, quoique l'option qui fut offerte aux Communautés par
M. de Clugny, ou de faire leurs tâches de
corvée en nature, ou de s'en racheter à prix
d'argent, foit en apparence le moyen le
plus fimple pour déterminer l'opinion vers

la contribution pécuniaire, en mettant les contribuables des diverses Communautés à portée de juger par eux-mêmes de la méthode qui leur feroit la moins onéreuse, elle a des inconvéniens qui doivent la faire proscrire en bonne Administration. 1°. L'option compromet fans ceffe l'Administrateur, qui, n'ayant point affez d'autorité pour déterminer la volonté de telle Communauté vers fes véritables intérêts, emploie, fuivant la hardieffe ou la timidité de fon caractère, des moyens plus ou moins doux pour faire adopter l'un ou l'autre Syftême. 2°. Comme il eft certain que les travaux faits par corvée, ou à prix d'argent, ne peuvent être comparés, les Ingénieurs pouvant exiger de l'Entrepreneur d'un Ouvrage à prix d'argent qu'il foit fait comme il eft prefcrit par le Devis, tandis qu'il leur eft, au contraire, impoffible de forcer les corvoyeurs à aucune attention dans la confection des travaux, d'autant que ces travaux font le plus fouvent indiqués à ces corvoyeurs par un conducteur infidèle & ignorant ; il refulte que l'option confifte à laiffer fubfifter le plus grand inconvénient de la corvée, l'inconvénient de

préfenter

préfenter des ouvrages imparfaits , des chauffées conftruites fans méthode , des pentes
mal réglées qui occafionnent la ftagnation
des eaux fur les chemins & contribuent à
accélérer leur dégradation fouvent au point
qu'à chaque faifon , ou à chaque époque
de la corvée , leur réparation eft auffi confidérable , que s'il s'agiffoit d'un ouvrage neuf.
3o. Enfin , l'option eft une méthode incom-
plette , injufte , & fouvent illufoire ; incom-
plette , par l'incertitude où elle laiffe l'Adminiftrateur fur le parti qu'il doit prendre ;
injufte , parce qu'elle ne peut avoir lieu qu'en
faveur des Communautés Riveraines des travaux ; & illufoire , parce qu'on peut toujours
la rendre impoffible , en changeant la nature
des tâches qu'une Communauté eft dans la
poffibilité d'acquitter , ou en les lui affignant
dans un fi grand éloignement, qu'elles feroient
par le fait tellement hériffées de difficultés ,
que la Communauté feroit forcée de préférer
de s'en rachetter à prix d'argent , aulieu de
les faire en nature.

Mais , foit qu'on fupplée la corvée par une
contribution pécuniaire établie d'une manière quelconque , foit qu'on admette le

H

projet des barrières , on ne doit jamais perdre de vue que cette fuppreſſion retourneroit au profit de la claſſe indigente d'une manière plus évidente qu'on ne l'a encore exprimé.

En effet , il ne peut ſe faire dans le Royaume qu'une certaine quantité de travaux à prix d'argent , & la quantité de ces travaux eſt néceſſairement limitée par le nombre des bras diſponibles. Or , en ſupprimant la corvée qui étoit diſtribuée dans la totalité des bras non - diſponibles , on diminue néceſſairement la maſſe des bras diſponibles. Ainſi , le prix de la journée du Manouvrier devra s'accroître dans une proportion qu'il ſeroit difficile d'indiquer , mais qui , ſans doute , mérite d'être peſée , afin de ne point multiplier les travaux au-delà de ce qu'ils doivent l'être. Les Ateliers de charité , qui ont été créés dans l'intention de procurer du travail aux pauvres valides dans les moments où ils ne pouroient en trouver dans les campagnes , deviendroient par cette raiſon non - ſeulement ſuperflus , mais peut-être nuiſibles. Donc , les fonds qui y étoient deſtinés n'ayant plus d'application , la maffe des impofitions, devra diminuer au profit des Peuples de la quantité dont elle s'étoit accrue lors de leur création. Ainfi la fuppreffion de la corvée, confidérée fous cet autre rapport, eft encore un des avantages qu'elle doit procurer.

Cependant, il ne faut pas oublier que la la maffe de l'impôt territorial étant auffi forte qu'elle peut l'être, le recouvrement s'en fait lentement & difficilement, & que le montant des travaux exécutés par corvée pourroit à peine être repréfenté par un nouveau vingtième, fous quelque dénomination qu'on vint à établir la contribution pécuniaire qu'exigeroient ces travaux. Or, cette obfervation tend encore à démontrer l'avantage des barrières, non-feulement en ce qu'elles feroient éviter ce nouveau vingtième, mais parce qu'elles rendroient plus faciles la perception des autres impofitions, en faifant refluer du Tréfor Royal dans les Provinces, une nouvelle quantité de Numéraire, que ces Provinces ne pourroient efpérer du changement de la corvée en contribution pécuniaire, comme on l'avoit avancé. Le Proces-Verbal de l'Adminiftration Provinciale du

H ij

Berry, publié l'année dernière, offre à ce sujet (pag. 56,) un détail qu'il est intéressant de rappeller. «Nous avons desiré, Messieurs,
» d'apprendre quel pourroit être l'effet de la
» contribution sur les individus qui la parta-
» gent. Nous avons reconnu par les rôles de
» 1781, que le nombre des contribuables avoit
» monté, dans toute la Généralité, à86,958;
» de sorte que sur le pied de 238,268 livres
» à quoi monte le tarif, la contribution de
» la Généralité revient à 54 sols quelques
» deniers par tête. Nous avons aussi remar-
» qué que, sur les 86,958 cottes, il s'en est
» trouvé 23,246 à 15 sols, ce qui fait un
» peu plus du quart ». En effet, le résultat de ce détail, relativement à la plus grande facilité du recouvrement des impositions royales, est aisé à saisir. Pour ce, il faut se rappeller que ceux qui ont été impofés à 15 sols, pour leur part à la contribution pécuniaire repréfentative de la corvée , ne payoient auparavant que 10 sols de taille ou de capitation. Mais, si ces contribuables avoient peine à payer le montant de leurs impofitions, lorfqu'elles ne s'élevoient qu'à 10 sols pour chacun d'eux , il leur aura

été plus difficile de les acquitter , lorfqu'elles fe font trouvé portées à 25 fols. Donc le recouvrement des impofitions royales a dû fe faire plus difficilement , depuis l'établiffement de la contribution pécuniaire qui fuppléoit la corvée.

On oppoferoit envain, pour détruire la folidité de cette obfervation , qu'il a été diftribué dans cette claffe une maffe de travaux à prix d'argent qu'elle n'avoit pas ; car la plus grande partie de cette claffe n'a pu profiter de cette reffource , & la partie qui y a cherché des fecours a dû à peine y trouver de quoi fuffire à fes premiers befoins. En effet, tout Manouvrier qui fe confacre aux travaux publics , doit néceffairement fe rapprocher de l'Atelier où font les ouvrages. Il paye alors un nouveau loyer ; il fe fépare de fa femme & de fes enfants, toutes occafions pour lui de multiplier fes dépenfes, tandis que fes bras font toujours les mêmes & qu'ils doivent être également occupés pour qu'ils puiffent fournir à tant de fubfiftance, foit qu'il refte dans fon foyer, foit qu'il s'en éloigne.

Je ne poufferai pas plus loin ces détails ;

ils font trop affligeants, en ce qu'ils démont-
rent fans cesse l'impossibilité de faire un bien
qui s'étende généralement. Mais ils doivent
fuffire à l'Homme d'État pour l'engager à
reconnoître que l'établiffement des barrières,
en préfentant à la claffe indigente les mêmes
avantages que la contribution pécuniaire,
c'est-à-dire, les moyens de fupprimer le travail gratuit qu'on en exigeoit, & de lui offrir
des reffources dans les moments où elle
n'étoit point occupée, cet établiffement a
de plus que la contribution pécuniaire, la
propriété finguliere & incontestable de ne
jamais augmenter fes charges, & de la fouf-
ftraire en totalité à l'impôt, qu'on ne peut
ne pas avouer qu'il eft injufte qu'elle partage.

On ne fçauroit, d'ailleurs, fe diffimuler
que la contribution pécuniaire établie dans le
Berry, pour remplacer la corvée en nature,
n'ait excité de puiffantes réclamations ; &
elles ont dù néceffairement fe faire entendre
de cette claffe de propriétaires qui cultivent
eux-mêmes leurs champs, & dont l'étendue
eft à peine fuffifante pour qu'ils puiffent y
trouver, à l'aide de leur travail, leur fimple
fubfiftance. Car ces propriétaires, qui font

dans l'impoſſibilité de ſolliciter quelqu'ouvrage étranger à cette culture, n'ont point
vu, ſans ſe retracer ſous des traits plus
affreux le tableau de leur ſituation malheureuſe, la cotte de leur impoſition s'augmenter
pour ſuppléer les tâches de corvée qu'ils
avoient à remplir ; tâches pénibles, ſans
doute, mais dont ils s'acquittoient dans ces
moments où l'eſpérance d'une récolte prochaine va les dédommager des peines qu'ils
ont ſouffertes pour ſe la procurer, ou dans
cet autre tems où, ayant confié à la terre les
ſemences, il ne leur reſte plus qu'à s'occuper du ſoin d'accélérer leur végétation
par des travaux qui peuvent s'interrompre
ſans riſque.

Il ſe préſente une autre obſervation. Ne
craindroit-on pas de s'égarer, ſi l'on ſe
perſuadoit qu'une contribution pécuniaire,
pour remplacer la corvée, pourroit également réuſſir dans toutes les Généralités ?
Les Adminiſtrateurs qui ne ſeroient point
ébranlés par cette crainte, ignoreroient
les ſoins & les peines incroyables que l'Adminiſtration du Berry s'eſt données pour faire
adopter ce moyen, & qu'elle s'eſt ſur-tout

H iv

gardé de se servir de la verge de fer pour diriger l'opinion.

C'est même, en réfléchissant sérieusement sur la manière d'opérer de l'Administration du Berry, qu'on peut être conduit à reconnoître que les maximes générales de Gouvernement exigent des modifications, dont les nuances imperceptibles ne peuvent être saisies que par l'Homme d'Etat qui fait une étude particulière de matières si importantes.

J'entendois un jour une réflexion sur l'inégalité de la contribution pécuniaire que cette Province a adoptée. L'Administrateur qui se la permettoit, étoit dans l'opinion que toutes les Communautés de cette Province devoient également contribuer aux dépenses des chemins, puisque, disoit-il, de proche en proche, les chemins finissent par faciliter à toutes ces Communautés le moyen de communiquer entr'elles, & de déboucher leurs denrées.

Mais cet Administrateur oublioit que la contribution pécuniaire que le Berry avoit établie, remplaçoit une imposition qui, jusqu'au moment de ce nouveau régime,

n'avoit été fupportée que par les Communautés Riveraines des grands chemins, &
que c'étoit conféquemment beaucoup exiger des Communautés qui n'avoient jamais
été comprifes dans cette impofition, qu'elles
y contribuaffent pour un fixième, tandis que
les autres Communautés continueroient d'y
être employées pour un tiers.

Par ce moyen fimple, on foulageoit les
unes, on n'écrafoit point les autres, & on
put, en conciliant les opinions, les diriger vers
le bien général, ce qu'il eût été impoffible
de faire, fi l'on eût infifté fur la prétendue
maxime qui portoit à penfer, que la contribution repréfentative de la corvée fût également & généralement répartie fur toutes les
Communautés. Des connoiffances pofitives
de toutes les parties de la Province du Berry
avoient, d'ailleurs, décidé le parti de l'Adminiftration Provinciale fur l'inégalité de
cette contribution.

Et peut-être feroit-il à defirer pour le
bien des Peuples, fi l'on peut fe permettre
de s'exprimer ainfi, que cette inégalité dans
la répartition de toutes les impofitions fût
plus généralement fuivie. Lorfque le Clergé

de France eût reconnu que l'impôt ne devoit point être diſtribué entre ſes membres au marc la livre des revenus, mais en raiſon de la plus grande valeur des Bénéfices, dont chaque membre ſeroit pourvu, il donna, ſans doute, en admettant un principe auſſi vrai, la plus grande leçon ſur la manière dont tout impôt devroit être exigé.

En effet, lorſque vous enlevez au contribuable ce qui lui étoit d'une néceſſité abſolue pour ſubſiſter, il ſemble que ce ſoit agir contre les premiers principes de la Loi Naturelle. Au contraire, lorſque l'impôt ne tombe que ſur le ſuperflu de ce même contribuable, il n'a à regretter que le ſacrifice de quelques fantaiſies qu'il ne peut plus ſatisfaire. Mais, comment perſuader aux riches qu'ils devroient abandonner le quart de leurs revenus à la choſe publique, tandis que le malheureux qui n'a que le travail de ſes bras pour ſubſtanter ſa famille, ſeroit exempt de toutes impoſitions, & que celui dont le revenu ſuffit à peine à ſes premiers beſoins, ne payeroit qu'un centième.

La loi que le Clergé s'eſt impoſée, étoit poſſible par la manière même dont les fonds ſe diſtribuent à chacun de ſes membres, le revenu de chaque membre étant, dans le fait, une grace qui lui a été accordée ſous telle ou telle condition. Au contraire, les propriétés héréditaires ſont dévolues à celui qui doit les poſſéder dès le moment de ſa naiſſance ; le père eſt intéreſſé à tranſmettre à ſes enfans la ſucceſſion la plus libre qu'il a pu ſe conſerver. Une règle de trois a donc paru plus ſimple à prendre pour bâſe de la répartition de l'impôt, ſans s'embarraſſer ſi l'on ſacrifioit, ou non, le pauvre aux intérêts des riches, par cette opération auſſi injuſte en elle-même, qu'elle eſt commode à l'Adminiſtrateur pour faciliter ſon travail.

Cependant, celui qui, dans le Clergé, oſa le premier propoſer cette étonnante diſproportion qui ſubſiſte entre les parts que chacun ſupporte de l'impoſition générale, n'a pas moins mérité la reconnoiſſance éternelle des membres, qui, jouiſſants d'un foible revenu, ont du moins la conſolation de n'être impoſés que d'une ſomme très-modique, comparée avec la ſomme qu'eſt obligé d'acquiter celui qui a un Bénéfice conſidérable.

Mais, quelque foit l'opinion fur l'Admi-niftration du Clergé de France, relative-ment à la répartition des impofitions, il femble, du moins, qu'on devroit être porté à conclure de ce que je viens d'obferver, qu'une taxe qui fe repartiroit fur tous les Sujets du Royaume, dans la proportion de leurs biens & de leurs facultés, feroit l'impofition la plus jufte & la plus légale. Or, l'établiffement des barrières eft, ainfi que je l'ai prouvé, la feule impofition qui rempliroit réellement une vue auffi heureufe.

Pourquoi, d'ailleurs, faudroit-il que le fardeau de l'entretien des chemins retombât en entier fur le propriétaire. Tous les commerçants du Royaume autres que ceux qui font le trafic des productions de la terre, n'en retirent-ils pas un égal avantage? Les Marchandifes étrangères qui fe tranfportent d'une extrêmité de la France à l'autre, ne caufent-elles pas des dégradations aux grandes routes? Ne doit-on pas leur faire fupporter en partie les charges de l'impofition indif-penfable pour leur réparation? Et ne feroit-il pas jufte, je le répète encore, que tous ceux qui font ufage de la voie publique payaffent à proportion de l'utilité qu'ils en retirent.

Enfin , fi en dernière analyfe on regardoit l'établiffement des barrières comme une impofition qui ne dût procurer aucun des avantages que l'on a annoncés , on ne pourroit du moins difconvenir que cette impofition remplaceroit une autre impofition , dont on connoît les inconvéniens , & qu'il eft de fait en Adminiftration , que tout impôt qui fe lève imperceptiblement , qui eft extrêmement divifé , eft , de tous les impôts , celui dont le poids fe fait le moins fentir.

D'autres perfonnes qui ont de la peine à trouver le bien où il exifte , ont penfé qu'il étoit poffible que la loi , les réglemens établis en Angleterre fur la police des chemins , tinffent à une autre raifon qu'à celle d'un calcul démontré en économie politique. Il eft difficile en général de répondre à de telles objeѐtions ; mais fi l'on remonte à l'origine des péages en Angleterre , on les trouve établis dès les premiers tems de la Monarchie. Ils ont été depuis inféodés , comme ils le font en France , & ils n'exiftoient plus qu'à titre lucratif , lorf-

que le Parlement les rendit à leur deſtination, & il veille avec attention à ce que
cette branche eſſentielle de l'adminiſtration
ne lui échappe point.

On objecte, il eſt vrai, contre l'établiſſement des barrières, qu'il eſt à craindre que
leur produit ne ſuffiſent pas à l'entretien des
grandes routes. Mais l'on verra dans le
Chapitre ſuivant, que la foible impoſition
de deux cinquièmes de denier par quintal
de Marchandiſes pour chaque lieue, produiroit au-delà de ce qu'exige cet entretien,
quoiqu'on n'ignore pas qu'en 1775, il fut
eſtimé d'après des connoiſſances poſitives,
à dix millions pour les ſeuls Pays d'Élection,
& que M. Necker l'ait porté derniérement à
ſeize millions quatre cent mille livres, pour
la même partie. Cependant, cette différence
dans l'Enoncé de deux Miniſtres des Finances
ſur un fait auſſi ſimple d'Adminiſtration doit
paroître ſi extraordinaire que, peut-être,
ſera-t-on diſpoſé à croire que le réſultat de
mon travail eſt également incertain.

Mais il eſt des données en adminiſtration,
dont les circonſtances détruiſent tellement
les formes, qu'au bout de quelques années,

elles ne se ressemblent plus ; d'où il résulte qu'en comparant ces données à différentes époques, on seroit tenté de croire, que le travail, d'après lequel on se les seroit procurées, étoit ou imparfait, ou tracé par l'erreur. Il peut même arriver, que la différence entre ces données, soit plus sensible, & ce seroit, dans le cas où elles dépendroient de l'opinion particulière des divers Administrateurs qui les auroient présentées.

Ainsi, il est probable que l'opinion de M. Turgot sur le système de l'entretien, & de la confection des chemins, différoit de celle de M. Necker sur cet objet. Mais, lors même qu'on supposeroit que M. Turgot auroit estimé à une somme trop modique la dépense des chemins, & que M. Necker se feroit également trompé dans l'évaluation qu'il en a faite ; quand il arriveroit encore que l'on contestât la possibilité de trouver une économie de plusieurs millions dans le seul entretien des routes, au moyen de certain régime, tel que celui que je développerai dans le Chapitre cinquième de cet ouvrage, ou plus simplement en suivant la methode que les Etats du Mâconnois ont adoptée, & dont je ferai connoître les avantages dans le même Chapitre; il ne feroit pas moins vrai qu'il feroit indifpenfable de fubvenir aux frais qu'exigeroit la fuppreffion de la corvée par une contribution particulière qui puiffe fuppléer cette impofition. Or, fi j'ai demontré que le produit des barrières pourroit fuffire pour remplir une vue auffi heureufe, j'aurai fuffifamment répondu aux différentes objeêtions qu'on s'efforceroit de faire contre leur établiffement.

Néanmoins, & afin de prevenir celles qu'on auroit intention de lui oppofer, je fuppoferai que la propofition de le former ayant été foumife à la décifion de quelques Adminiftrateurs, l'un d'eux élevât la voix pour la faire rejetter, fous prétexte que, par un principe avoué en bonne Adminif-tration, le commerce étant regardé comme l'agent principal de l'induftrie & de l'agriculture, on doit profcrire toutes efpèces d'entraves qui pourroient gêner fes mouvemens. On répondrait à cet Adminiftrateur: Votre principe eft vrai; mais vous errez dans l'application que vous en faites. Vous confidérez les barrières comme des entraves

que

que l'on mettroit au commerce , tandis
qu'elles détruiroient plufieurs de celles qu'il
éprouve aujourd'hui. Au nombre de ces
entraves , vous citeriez les divers Arrêts du
Confeil fur le fait du roulage , Arrêts que la
fageffe du Gouvernement regardoit comme
indifpenfables pour diminuer les dégradations
des chemins , prévoyant l'impoffibilité où il
feroit un jour d'y remédier , fans multiplier
les charges qu'il s'occupe de détruire. Or, les
barrières leveroient ces premières entraves ;
ce qui intéreffe bien davantage le commerce
que la légère taxe qu'il feroit tenu d'acquitter,
par une fuite de leur établiffement , ne pourroit l'inquiéter , comme il eft facile de s'en
convaincre, en fuivant le calcul que j'ai cherché à établir dans le premier Chapitre de cet
ouvrage , & que je vais développer.

Une voiture chargée du poids de 4500 liv.
ou de 45 quintaux, en payant deux cinquièmes
de denier par quintal , par lieue , comme on
l'a propofé ci deffus , fe trouveroit avoir acquitté pour un tranfport de cent lieues , cent
fois dix-huit deniers , ou 7 liv. 10 fols. Si les
chemins font en bon état , trois chevaux fuf-
firont, généralement, pour ce tranfport, & ils

I

feront ce trajet en 11 à 12 jours. Je comp-
terai 12 jours, & la nourriture de chacun
de ces chevaux fur le pied de 2 liv. 10 fols
par jour, & le conducteur au même prix,
afin de ne rien exagérer. Le tranfport à cent
lieues de quarante-cinq quintaux, aura donc
couté 120 liv. Si au contraire les chemins
font en mauvais état, aulieu de douze jours
pour faire ce même trajet, le roulier en em-
ployera treize & quatorze, & peut - être
quinze ; prenons quatorze, c'eft deux jours
de plus, lefquels, à raifon de 10 liv. font
20 liv. qu'il faudroit ajouter à la fomme de
120 liv. trouvée précédemment. Mais des
chevaux qui ont parcouru une belle route,
n'ont éprouvé qu'une médiocre fatigue, &
peuvent continuer leur travail. Au contraire, fi la route eft en mauvais état, il fau-
dra qu'ils fe repofent un jour, & peut-être
plus ; & cette nouvelle dépenfe doit être
ajoutée à la première. Ce n'eft pas tout.
Les harnois des chevaux, les voitures,
leurs roues auront plus fouffert, fi la route
eft difficile. N'eftimons que 3 liv. cette autre dépenfe, il réfulte de ces diverfes fommes combinées, celle d'environ 43 liv. que

l'Entrepreneur du roulage aura évité de payer en acquittant 7 liv. 10 f. au paſſage des barrières. Mais ſi ce calcul paroiſſoit établi d'après un moyen ſpécieux, & qu'on objeɑât, qu'en avouant que l'entretien des chemins, & la perfeɑion de leur conſtruction, eſt un des plus grands avantages que l'on puiſſe procurer au commerce, on eſt éloigné de penſer que ces avantages tiennent aux barrières, mais qu'on eſt au contraire perſuadé qu'ils ſont dûs aux ſommes qu'il eſt indiſpenſable de ſacrifier pour arriver à un but auſſi utile, on obſerveroit que les marchandiſes qui ſe tranſportent d'un lieu éloigné de cent lieues d'un autre lieu, ont néceſſairement une valeur intrinſéque de quelque conſidération. Or, une ſomme de quarante-cinq deniers répartie ſur un quintal de telles marchandiſes, n'occaſionne que l'augmentation d'un denier par livre peſant de ces marchandiſes; & s'il en eſt de quelques eſpèces dont l'importation ſouffriroit de cet accroiſſement de prix dans le tranſport pour cent lieues, leur maſſe eſt trop petite, pour que l'on puiſſe, en leur faveur, rejetter une propoſition, dont le but

I ij

eſt, non-ſeulement de ſupprimer une charge bien plus peſante qui eſt acquittée preſqu'en entier par la claſſe la plus indigente de la ſociété, mais encore de déterminer la poſſibilité de s'occuper de la conſtruction des canaux de navigation, qui, par eux-mêmes, forment un objet ſi important qu'on ne doit jamais le perdre de vue dans l'examen de la queſtion qui eſt traitée dans cet ouvrage.

Une raiſon puiſſante qui ſubſiſte dans l'opinion publique, vient encore s'oppoſer à l'établiſſement des péages; c'eſt la crainte de voir un jour le produit de cet impôt détourné de l'emploi auquel il doit être invariablement fixé. Mais ſi ce malheur arrivoit, (*malgré les moyens que je propoſerai dans le Chapitre ſuivant pour le faire éviter,*) ce ne pourroit être que dans ces momens de pénurie de finance où ſe trouve quelquefois l'Etat, après avoir épuiſé toutes les reſſources de ſon crédit; alors tout François, loin de murmurer, devroit au contraire trouver un motif de conſolation dans l'intention même qui auroit fait ordonner une opération auſſi ruineuſe, puiſqu'on ne pourroit douter que ce ne fût pour éviter un plusgrand mal.

On peut craindre encore, qu'aulieu de détourner le produit des péages, un Adminiftrateur des Finances ne trouvât plus fimple d'en doubler le tarif, parce que les chemins étant d'une abfolue néceffité, il faudroit bien fe foumettre à ce nouvel impôt. Mais cet Adminiftrateur n'auroit-il donc pas à craindre la réclamation du commerce. Si les droits des barrières préfentent un impôt facile à percevoir, qu'on ne s'y trompe pas, il feroit auffi abfurde de les augmenter au-delà de ce qu'ils doivent être pour maintenir cet heureux équilibre fi néceffaire à conferver dans les prix du tranfport en général, qu'il feroit fâcheux qu'on fe refufât d'avouer les avantages de leur établiffement.

Un Miniftre, dont on a admiré la probité & fon amour pour le bien public, mais qui n'a pas été affez de tems en place, pour qu'il fût poffible de reconnoître la fupériorité de fes vues, & fes profondes connoiffances en adminiftration, s'étoit fait à lui-même l'objection à laquelle je viens de répondre, lorfqu'il propofa le projet fi humain de détruire les corvées. Il craignoit que les befoins renaiffants du Tréfor-Royal n'engageaſſent ſur-tout dans des tems de guerre, à détourner de leur deſtination les fonds impoſés pour la confeftion des chemins; que ces fonds une fois détournés, ne continuaſſent de l'être, & que les peuples ne fuſſent un jour forcés, & même tenus de payer l'impôt deſtiné originairement pour les chemins, & de fubvenir d'une autre manière, peut-être par corvée, à leur conſtruftion. Mais, continuoit M. Turgot, en louant le le motif de la crainte de quelques Adminiſtrateurs, nous ne pouvons ne pas faire obferver que cette crainte ne change pas la nature des chofes; elle ne fait pas qu'il foit juſte de demander un impôt aux pauvres pour en faire profiter les riches, & de faire fupporter la conſtruftion des chemins à ceux qui n'y ont point d'intérêt. Malheureufement le moyen de M. Turgot devoit naturellement augmenter la crainte qui exiſtoit dans l'opinion publique, puiſqu'il ajoutoit : *tout céde en tems de guerre au premier de tous les befoins, la défenfe de l'État. La dépenfe des chemins doit alors elle - même être réduite au fimple entretien.*

M. Trudaine, père, auquel on doit la

o conftruction des grandes routes du Royaume,
u qui immortaliferont le règne de Louis XV,
r étoit tellement perfuadé que les corvées
r étoient préférables à toute impofition en ar-
t gent que, malgré qu'il eut gémi plufieurs
o fois à l'afpect des maux que les corvées
c faifoient naître, maux qu'il étoit plus à
q portée de connoître que qui que ce fût,
i il n'ofa jamais confeiller leur fuppreffion.
t Je fçais, difoit-il à M. Turgot, alors In-
n tendant de Limoges, lorfqu'il lui parloit
o de faire fupprimer les corvées dans cette
Généralité, je fçais combien cet impôt eft
odieux, mais les chemins ne feront jamais
faits, fi nous nous ôtons cette reffource.
L'établiffement des barrières fut néanmoins
propofé, & auffi-tôt rejetté. M. Trudaine
étoit trop grand homme d'Etat, pour être
embarraffé de détruire l'idée la plus heureufement conçue, dès qu'il appercevoit que
cette idée pourroit nuire au fyftème qu'il
s'étoit formé. Sous M. Turgot, on parla
encore des barrières; mais l'opinion à cette
époque, étoit tellement tournée vers l'idée
de la liberté indéfinie qu'on devoit laiffer au
commerce, que les barrières furent égale-

ment profcrites, même fans vouloir examiner les avantages exceffifs que cette nature d'impôt avoit fur les autres impôts. Tant il eft vrai de dire qu'on eft toujours prêt de s'égarer en Adminiftration, lorfqu'on veut adopter un fyftême général qui concilie, qui embraffe tous les droits & tous les intérêts. Il doit, néanmoins, paroître étonnant que le fyftême des péages établis en Angleterre, imité depuis en Hollande, en Flandres, & dans plufieurs autres pays, ait été rejetté par M. Turgot, puifqu'il s'appuyoit principalement de la liberté du commerce qui exifte dans ces différens pays, pour faire adopter à la nation les idées qu'il propofoit. Probablement il efpéroit donner au commerce de la France, un degré de perfection qu'il appercevoit, & qui, peut-être, échappe à mes recherches. Dans un grand Etat, ne feroit-il pas cependant plus utile de réformer les abus, de perfectionner chaque branche de l'Adminiftration, que d'ofer former un fyftême général d'innovation ? L'expérience de tous les tems, l'Hiftoire du Monde, de tous les Etats, de tous les Empires, conduit du moins à cette réflexion, & l'Angleterre préfente en ce genre une telle autorité, que je me permets encore de la répéter. Au reste, c'est aux hommes d'Etat appellés par leurs talents à la gestion des affaires publiques, à prononcer sur les idées d'un citoyen, qui n'est point assez confiant pour imaginer qu'il ne s'est point égaré, mais qui est assez courageux pour montrer ses efforts à s'ouvrir une carrière la plus noble, sans doute, mais aussi la plus pénible, celle de prétendre à être utile aux hommes. Néanmoins, j'observerai qu'on s'occupoit peu de la navigation intérieure, lorsque l'on proposa l'établissement des barrières, & qu'il n'étoit point venu dans l'idée que cet établissement étoit un des plus grands moyens pour en favoriser le système; tant il est vrai qu'une proposition qui paroît absurde au premier coup-d'œil, est souvent très-raisonnable en la considérant sous tous ses rapports.

Mais je présenterai une réflexion importante. Si on laisse échapper l'occasion d'appliquer l'établissement des barrières à un objet aussi utile qu'est la destruction de la corvée, il arrivera un jour qu'une Compagnie puissante profitera des moments de détresse où pourroit se trouver le Tréfor Royal, pour le propofer & on aura alors le regret de le voir accueilli comme objet purement fifcal ; cette crainte eft tellement fondée par les exemples fans nombre de pareilles opérations qui ont eu lieu, que quelques perfonnes ont paru defirer, & par cette feule raifon, que les canaux de navigation fuffent entrepris par des Compagnies, l'Etat dût-il même y contribuer de fommes affez fortes pour affurer à ces Compagnies l'intérêt de leurs avances, afin d'éviter, ont-elles eu foin d'ajouter, qu'à l'époque où les canaux appartiendroient au fifc, on en aliénât la propriété fous un prétexte pareil à celui qu'on propofe aujourd'hui pour les chemins ; mais on oublioit, je ne crains point de le répéter, que lorfque le Gouvernement fait ufage de femblables moyens, c'eft dans l'intention d'en éviter de plus défaftreux. D'ailleurs, fi l'on étoit arrêté, lorfqu'il s'agit de faire le bien, par la crainte du mal qui pourroit réfulter, fi l'on venoit par la fuite à dénaturer le moyen dont on fe feroit fervi pour l'opérer, il ne feroit guères poffible de s'occuper du bonheur des peuples.

Enfin, puifqu'il eſt vrai que leprojet des barrières a ſouvent & conſtamment été rejetté au Conſeil à la pluralité des voix, on doit raiſonnablement ſuppoſer qu'il a été propoſé par des perſonnes qui avoient des connoiſſances poſitives en Adminiſtration. Or, tout projet qui eſt diſcuté, ne peut être rejetté, que parce que la ſomme des inconvéniens qu'il préſente, ſurpaſſe celle des avantages. Mais, ſi la ſomme des inconvéniens ſubſiſtant la même, celle des avantages s'eſt accrue par de nouvelles données, on peut alors eſpérer que le projet ſera accueilli ; & c'eſt auſſi la raiſon qui m'engage à remettre aujourd'hui ſous les yeux du Public celui des barrières.

Mais on a craint de trouver dans les Pays d'Etat des oppoſitions puiſſantes contre ce projet, ou que s'ils l'acceptoient, ils ne vouluſſent s'en attribuer le produit ; je réponds à cette objection. Dans les Pays d'Etat où la corvée a lieu, on leur obſerveroit que l'établiſſement des barrières leur procureroit l'avantage de ſupprimer cette impoſition, dont le remplacement ſeroit en grande partie acquitté par le commerce qui leur eſt étranger ; c'eſt-à-dire , qu'en leur diſtribuant une ſomme repréſentative du montant de ces corvées pour être employée , ſoit à la confeɛtion des nouvelles parties de route qu'ils déſireroient , ſoit à l'entretien de celles perfeɛtionnées , ils bénéficieroient néceſſairement de l'excédent de cette ſomme , comparé avec le produit qui réſulteroit de l'impôt que leur commerce particulier auroit acquitté. Or , dès l'inſtant qu'on préſente à des hommes aſſemblés pour régir les peuples des avantages certains , il eſt à préſumer qu'ils les accepteront. Dans les Pays d'Etat , au contraire , où la corvée n'a point lieu , on ſépareroit les impoſitions deſtinées aux ouvrages d'art , de celles qui ont pour objet la confeɛtion où l'entretien des chemins ; & en leur diſtribuant une ſomme pareille à cette dernière partie de ces impoſitions , ils trouveroient un bénéfice ſemblable à celui que retireroient les pays où la corvée en nature auroit été ſupprimée. L'on pourroit donc eſpérer qu'on n'auroit point à craindre qu'ils refuſeroient une propoſition auſſi avantageuſe.

Mais il me reſte à prévoir ce qu'on devroit

oppofer, fi ces pays perfiftoient à exiger le produit total des barrières. A cet effet, je choifirai la Bourgogne, & dans la fuppofition où cette Province prétendroit au droit de s'attribuer le produit des péages, à la charge d'en employer le montant comme elle le jugeroit à propos ; on lui diroit : Par votre pofition, vous jouiffez des grandes communications intérieures de la France, entre fes provinces & fes pays du Nord ; & le feul bénéfice *extraordinaire* que vous trouviez en facilitant ces communications, étoit celui qui réfultoit du féjour plus ou moins long que vous obteniez des voitures qui confommoient vos denrées : mais pour parvenir à obtenir ce bénéfice, vous commandiez les corvées pour entretenir les routes, afin de n'avoir point à craindre que, par le mauvais état de vos chemins, le commerce ne cherchât à les éviter. Or, par l'établiffement des barrières, on ne vous retranche rien de vos droits, de vos priviléges, de vos bénéfices, & on vous procure, au contraire, non-feulement les moyens de n'avoir plus à répéter le genre de vexation que vous exerciez envers les malheureux que vous commandiez pour

faire un travail gratuit, mais encore celui de
les foulager en leur facilitant la poffibilité de
gagner de quoi fubfifter, dans les moments
où, par défaut d'ouvrage, leurs bras ne pouvoient être occupés. Mais, fi vous pouffiez
plus loin vos prétentions, elles feroient in-
juftes, ou du moins elles feroient auffi peu
fondées que fi, dans l'état actuel où vous vous
trouvez, vous vouluffiez chercher à perfuader
que la France entière doit feule contribuer
à la confection de vos routes, par la raifon
qu'elles lui font, comme à vous, également
utiles.

On doit conclure de ce Chapitre, qu'il
faut fupprimer les péages qui fubfiftent aujourd'hui fur les grandes routes, & principalement fur les rivières, ou tellement les
modifier par un réglement, que les entraves
qu'ils apportent au commerce par l'abus qui
s'eft introduit dans leur perception, puiffent
difparoître : mais que l'établiffement des barrières, tel qu'on l'a propofé, offre un moyen
fimple & facile, 1°. d'amener la fuppreffion
de la corvée en nature, & de la fuppléer
par une impofition qui feroit d'autant moins

onéreufe, qu'elle fe lèveroit d'une manière
infenfible, & fe partageroit fur toutes les
claffes des Sujets du Roi, en proportion de
leurs biens & de leurs facultés, en laiffant
néanmoins la liberté à chaque individu, pour
ainfi dire, de s'y fouftraire ; aulieu que
toutes contributions pécuniaires, établies
d'après les principes qu'ont adoptés les différentes Provinces où la corvée a été fupprimée,
entraîneroient néceffairement après elles des
inconvénients qui feroient d'autant plus fentis, que les impofitions fur les terres, fur
quelques denrées de première néceffité, fur
l'induftrie, font déjà élevées à un tel point,
que le commerce & l'agriculture feroient
indubitablement entendre leurs réclamations, fi on fe propofoit de les augmenter.
2°. De remettre entre les mains du Gouvernement, à une époque qu'il pourra limiter,
fans exiger des Peuples de nouveaux facrifices, tous les canaux de navigation, d'où
il réfulteroit la poffibilité, finon de fupprimer
dans leur totalité les droits établis fur ces
canaux, du moins de les réduire à ceux qui
feroient indifpenfables à leur entretien, le
facrifice que l'Etat feroit du produit de ces

droits, au moment où ils lui feroient échus, devant bientôt s'évanouir, par la fplendeur que le commerce acquéreroit par cette opération qui doit être le vœu de tout citoyen inftruit, & doué du bon efprit néceffaire pour fçavoir reconnoître dans un fyftême le bien qu'il eft poffible de démontrer qu'il renferme, & réfléchir mûrement avant de prononcer fur le mal qu'on pourroit entrevoir qu'il occafionneroit. 3°. De faciliter l'exécution d'un plan général de navigation intérieure, fyftême dont les avantages font généralement avoués, mais malheureufement plus fortement fentis, depuis le moment où la difette des ouvrages démontre la néceffité de s'occuper des moyens de diminuer ce nombre exceffif d'animaux, qui, partageants avec l'homme les fruits de la terre, lui fait chèrement acheter le fervice qu'il en retire, par le renchériffement du prix du tranfport qu'acquitte le commerce, & dont la diminution qui feroit opérée dans ce prix, lorfque les canaux de navigation feroient conftruits, lui rendroit au centuple les avances qu'il auroit faites, en fupportant le furhauffement momentané que les barrières

auroient

auroient nécessité dans ce même prix, tandis que ce surhaussement qu'on opéreroit infailliblement par les entraves qu'on mettroit au transport, dans l'intention de diminuer les dégradations des routes, seroit tout entier au désavantage du commerce, sans bénéfice réel, ni pour le Trésor Royal, ni pour les Peuples, ni pour l'Agriculture. 4°. De faire exécuter tous réglements relatifs à la police & à la sûreté des chemins ; réglements d'autant plus importants, qu'ils intéressent particulièrement l'approvisionnement de ces Villes immenses, où le Peuple rassemblé souffre du moindre retard, que les denrées de première nécessité éprouvent dans leur transport. 5°. Enfin il résulte de ce qu'on vient d'exposer, que la proposition de l'établissement des barrières est en dernière analyse la solution de cette question : *Doit-on faire acquitter l'entretien & la confection des grandes routes par la classe générale des Consommateurs régnicoles & Étrangers, ou simplement par les propriétaires fonciers ou les Habitans des Villes, non privilégiés, & par la classe d'hommes la plus malheureuse, quoique la plus utile ; celle qui destine son industrie à*

K

l'agriculture ? & n'exifte-t-il pas un moyen pour faire fupporter cette charge par le commerce, en le foulageant dans un avenir peu éloigné, d'autres charges plus pefantes qu'il acquitte aujourd'hui ?

Le Chapitre fuivant offrira au Lecteur de nouvelles preuves à l'appui du fyftême, dont on vient d'effayer de tracer les principaux avantages.

CHAPITRE IV.

Suite du Chapitre précédent.

LORSQU'ON s'occupe de préfenter au Gouvernement un plan relatif au remplacement de la fuppreffion d'une impofition qu'il a intention d'opérer, un des premiers foins qu'on doit avoir, eft évidemment de fe procurer des bafes générales qui ne puiffent être conteftées ; mais ce principe admis, & ces bafes une fois acquifes fur l'objet que j'ai traité dans le Chapitre précédent, il fe préfente une queftion qu'il faut chercher à réfoudre. Le Gouvernement doit-il former l'établiffement des barrières à fes frais, ou s'en rapporter à une compagnie à laquelle on en abandonneroit le produit, au moyen de charges dont on conviendroit ? Avant de préfenter la folution de cette queftion, je commencerai par évaluer, d'après des données fuppofées, quel feroit le produit des barrières. Je paffrai enfuite à l'examen des frais qu'exige leur établiffement.

Ces deux points éclaircis, il fera facile à l'Adminiftration de fe décider fur le parti qu'elle croira le plus avantageux.

Plus de cent mille chevaux, mulets ou paires de bœufs font employés journellement, fur les routes du Royaume, au tranfport des voyageurs, & de tous les objets de commerce que l'induftrie & l'agriculture fe préfentent réciproquement en échange. Chacun de ces animaux parcoure chaque jour de travail au moins huit lieues de pofte. S'ils payoient donc, chacun, quinze deniers par chaque lieue, fomme qui augmenteroit au plus d'un denier le prix de chaque quintal de marchandife, il réfulteroit un produit annuel de plus de quinze millions (1) au profit de la fuppreffion de la corvée.

Mais l'on fe tromperoit, fi l'on ne comptoit, pour établir le calcul des avantages des barrières, que fur ce produit. En effet, la plus grande partie des animaux occupés au tranfport dans l'intérieur des campagnes, contribueroient à l'augmenter ; & dans ce

---

(1) Ce calcul fuppofe l'année réduite à 300 jours, c'eft-à-dire, aux jours de travail.

nombre font compris ceux qui font effentiellement deftinés à l'approvifionnement
des marchés, des foires générales & particulières de toutes les Villes, Bourgs &
Villages.

C'eft ainfi qu'en parcourant la route de
Genève à Paris, par Belley, Lyon, Dijon
& Provins, j'ai compté plufieurs foïs fur
cette route, plus de fix mille chevaux, mulets ou paires de bœufs ; & que certains péages établis fur des chemins peu fréquentés,
& dont le tarif n'eft ni général, ni exceffif,
produifent à leur propriétaire des revenus,
dont on auroit peine à fe former l'idée, s'il
n'étoit facile de s'en convaincre par la vé-
rification la plus fimple.

Je ne citerai aucun de ces péages, parce
que le Gouvernement s'étant occupé du
projet de leur fuppreffion, s'eft procuré tous
les renfeignements qu'il defiroit à ce fujet,
& que d'ailleurs cette citation feroit dépla-
cée dans cet ouvrage. Mais on ofe affurer
qu'on ne craindroit point de s'égarer, en ef-
timant le produit des barrières, dont les
Communautés fupporteroient les droits, &
que ces Communautés partageroient avec

les claſſes des conſommateurs qu'elles alimentent, en évaluant, dis-je, ce produit à une ſomme égale à celle que nous avons trouvée ci-deſſus ; c'eſt-à-dire, à quinze millions (1) : mais il importe, avant d'entrer dans une plus longue diſcuſſion ſur ces différents produits qu'on retireroit des barrières, de répondre à une objection que le commerce éléveroit, s'il ſe voyoit grevé d'une ſomme auſſi conſidérable que celle qu'on vient d'annoncer. Pour ce, il ſuffira de peſer mûrement l'énoncé de la loi que l'on propoſe.

On a vu dans le Chapitre précédent, que les Entrepreneurs des voitures deſtinées à faire le tranſport de tous les ouvrages d'induſtrie, & même de quelques denrées par-

---

(1) Pour ſe former une idée de cette eſpèce de commerce de Communauté à Communauté, il ne faut que ſe rappeller, que le nombre de ces Communautés eſt de plus de quarante quatre mille ; qu'il n'y a point de jours dans l'année où il n'y ait, l'un dans l'autre, pluſieurs foires conſidérables ; qu'indépendamment de ces foires, chaque Ville a, chaque ſemaine, ſes jours de Marché ; qu'enfin, le plus petit objet de conſommation, tel, par exemple, que la quantité de graines néceſſaires pour nourrir les ſerins de la Capitale, s'élève à près de ſix cent mille livres.

ticulières de première néceffité, pourroient s'affranchir du payement de plus de moitié de ces droits, en fe foumettant aux condi-tions que le réglement auroit prononcées. Mais en fuppofant que le nombre des che-vaux, mulets ou paires de bœufs qui font employés par ces Entrepreneurs, ne s'éle-vât guères qu'à quarante mille ; c'eft-à-dire, aux deux cinquièmes du nombre total de ces chevaux que nous avons dit être conti-nuellement en activité fur toutes les routes, il réfulte que la partie du produit des bar-rières qui feroit fupportée par le commerce, pris dans fa véritable acception, ne s'élé-veroit pas à plus d'un fixième du produit total que je me fuis hâté d'annoncer.

Donc il eft démontré que, vû les avan-tages dont jouiroit le commerce par cet établiffement, fes réclamations ne feroient pas fondées.

Mais fi l'on objectoit que les voyageurs, par les voitures publiques & par la pofte, acquitteroient une partie de la maffe totale de l'impofition des barrières ; on pourroit répondre, qu'à la vérité, une partie des avantages que produiroit leur établiffement confifte dans cette nouvelle répartition d'une impofition qui étoit fupportée par la claffe la plus indigente, mais que c'eft précifément le point où l'on vouloit amener tout Lecteur attentif. En effet, comme l'on ne peut conteftter, que ceux qui voyagent en pofte ou par les meffageries, doivent être comptés en général au nombre des gens aifés, rien ne répugne, fuivant les premiers principes de la juftice diftributive, de leur faire acquitter leur part de l'impofition des chemins, puifqu'ils les ufent en partie. D'ailleurs, dans le nombre de ces voyageurs, fe trouvent les Etrangers de toutes les Nations qui partageroient la charge de l'entretien des chemins, & cette confidération mérite d'être pefée : car lorfqu'il eft poffible de faire fupporter, par un moyen auffi fimple, & qui n'entraîne à aucune conféquence dangereufe, une impofition trèspefante, par toutes autres perfonnes que les fujets du Roi, il femble qu'il n'y ait point de raifon de le négliger (1).

---

(1) On ne peut fe rappeller, fans un grand fentiment d'admiration, un trait du Grand Colbert qui eft relatif à l'efpèce

Le produit des barrières étant pressenti d'après l'hypothèse du droit qui y seroit acquitté, il importe de déterminer quels seroient les frais de perception de cette imposition. Ces frais se divisent en deux parties ; les frais nécessaires pour monter l'établissement, & les frais qu'exigera sa régie, lorsqu'il sera monté.

S'il ne s'agissoit que de percevoir un droit à chaque barrière, suivant un tarif qui y seroit affiché, & que le poids des voitures ne fut pas important à considérer dans cette perception, pour arrêter les trop grandes dégradations des routes, un simple Rece-

---

de maxime que je viens d'exposer. Je veux parler du moyen simple que ce Ministre imagina, pour faire supporter aux Étrangers les dépenses de la fête que donna Louis XIV, à l'occasion de la Paix de Nimegue, & que ce Monarque avoit intention de différer, vû l'état de ses Finances. *Non, Sire, lui dit Colbert, vous pouvez la faire annoncer ; je me charge du paiement, sans qu'il en coûte rien à votre Majesté. Mettez en Régie vos Fermes des Aides & Gabelles.* Colbert développe son moyen ; ses idées sont approuvées. On annonce le Carouzel, & l'Étranger, attiré par la magnificence du spectacle qu'on lui promet, verse par son séjour dans la Capitale, qu'on a l'art de l'engager à prolonger, plus de cinq millions dans la caisse de la nouvelle Régie, qui suffirent, & au-delà, pour acquitter les frais de la fête la plus magnifique.

veur à chacune des barrières devroit fuffire ;
& les feuls frais de l'établiffement général
des barrières, confifteroient dans les avances des appointemens des Employés qui feroient chargés du foin de les établir dans
chaque Généralité. Or, un Infpecteur général par chaque Généralité, & quatre Infpecteurs particuliers, devroient fuffire ; &
en fuppofant que les appointemens de l'Infpecteur Général feroient réglés à dix mille
livres, & ceux des Infpecteurs Particuliers
à trois mille fix cens livres, la dépenfe totale de ces divers Employes féroient un objet d'environ quatre cent vingt mille livres.

Mais comme il importe effentiellement,
pour la confervation des chemins, que le
poids des voitures foit reglé de manière qu'ils
n'en puiffent être écrafés ; & que pour arriver à faire exécuter la loi, il faut néceffairement pouvoir faire conftater quelle eft
la charge de la voiture, par un moyen certain, & cependant affez prompt, pour qu'il
n'apporte point de retard dans la marche du
commerce, il fera indifpenfable d'établir de
diftance en diftance, comme on la pratiqué
en Angleterre, des machines à bafcule, fur

lesquelles on feroit paſſer les voitures que l’on ſoupçonneroit être chargées d’un poids au-deſſus de celui qui feroit fixé par l’Or- donnance.

Cependant l’établiſſement de ces machi- nes ne devroit ſe faire qu’avec beaucoup de circonſpection : car on doit obſerver que, malgré qu’il paroiſſe évident que le nombre des chevaux, qui ſont attelés à une voiture, ne puiſſe pas être regardé comme un moyen certain pour en connoître exactement la charge, il faut convenir qu’il peut, du moins, être conſidéré comme une donnée aſſez conſtante, pour qu’on n’aye pas à craindre, en s’y arrêtant, de commettre de grandes erreurs. Il ſuffit d’ailleurs, que le roullier, qui eſt expedié pour une grande route, ait à craindre que ſa charge pourra être véri- fiée dans quelques endroits, pour qu’il ne s’expoſe pas à charger un poids au-deſſus de celui qui feroit fixé pour regler le péage qu’il devroit acquitter en raiſon de ſa charge. Ainſi ſur la route de Paris à Lyon, ſix de ces machines rempliroient l’objet de leur établiſſement, & dans la ſuppoſition qu’il en faudroit un pareil nombre ſur les routes de Provence, de Bordeaux, de Bretagne, de Normandie, de Picardie, de la Champagne, de la Lorraine, de l'Alface, &c. On voit que cent machines à bafcules feroient fuffifantes pour tout le Royaume, fauf par la fuite à en augmenter le nombre, fi on le jugeoit néceffaire.

Or, l'établiffement de chacune de ces machines, en y comprenant la conftruction du logement du Receveur, feroit un objet de trois mille livres (1) ; conféquemment trois cens mille livres fuffiroient pour la dépenfe de cet article, ci . . . . 300,000 liv.

Qant aux frais du Bureau, relatifs à l'Adminiftration générale des barrières, on croit qu'en les portant à foixante mille livres, c'eft les évaluer auffi haut qu'ils puiffent monter, ci , ... 60,000

Les divers Employés, . . . 420,000

Total général, ... 780,000 liv.

____

(1) Quelques perfonnes ont penfé que cette eftimation étoit trop foible, parce qu'elles croyoient, difoient-elles, être certaines

D'après cet exposé, il est démontré que
les frais de l'établissement général des barrières, exigent au plus une avance de sept
cens quatre-vingt mille livres. Les frais de
perception que nécessiteroit cette imposition, vont maintenant m'occuper. Lors même
qu'il seroit possible d'affermer le produit de
chaque barrière, ces frais seroient nécessairement les mêmes que ceux d'une régie in-
téressée, puisque chaque Receveur ou Fer-
mier d'un péage, devroit trouver le salaire
de ses peines dans le bénéfice qu'il feroit
sur la ferme qu'il auroit prise. Le seul avantage qu'on pourroit espérer, en donnant
ainsi à ferme le péage de chaque barrière,
feroit d'être assuré du produit de la recette
générale, & de n'avoir plus à craindre, dans
le recouvrement des deniers, que les per-
tes qui feroient occasionnées par l'insolva-
bilité de quelques Receveurs.

Mais lorsqu'il s'agit de fixer le prix d'une

---

que chaque bascule faite en Angleterre reviendroit au moins à
trois mille livres ; mais je me suis assuré que ces machines pourroient être fabriquées en France, & qu'elles coûteroient au plus
douze cent livres.

ferme, il faut partir d'après des bases, & les connoissances de ces bases seront difficiles à acquérir dans les premiers momens de l'établissement des barrières. Il est même à craindre qu'on ne puisse jamais les obtenir complettement, & que la recette générale du produit des barrières ne soit continuellement composée de parties mises en ferme, & de parties en régie. Il paroît du moins, qu'on ne doit se flatter de pouvoir arriver au point d'affermer le produit de chaque barrière, que lorsqu'il se sera écoulé assez de tems, pour que les Commis préposés à leur recette, ayent reconnu le bénéfice qu'ils pourroient espérer. Il sera donc indispensable d'accorder une remise sur leur produit, & le travail des Inspecteurs particuliers, de l'Inspecteur général, & des Controleurs, consistera essentiellement dans leur exactitude à s'occuper de déterminer cette remise qui, dans aucun cas, ne devroit, s'il est possible, excéder les deux sols pour liv. mais demeurer fixée généralement entre six & douze deniers.

Et l'on ne doit point craindre de manquer de Commis qui se chargeroient de ces

recettes, quelque qu'en pût être le bénéfice, puifqu'il eft vrai qu'il y a tel débitant
de tabac dans un Village, dont la vente ne
s'élève pas à cinquante livres par an, & qu'il
n'arrive jamais que ce débit refte long-tems
vacant, lorfqu'il l'eft devenu par la mort ou
la démiffion de celui qui l'occupoit.

A la vérité, on ne peut douter qu'il fe
commettra de grandes infidélités dans la
recette particulière de chaque barrière, dans
les premières années de leur établiffement,
& c'eft dans l'intention de diminuer ces infidélités que je propoferai de remettre à chaque
Receveur des barrières des états imprimés,
& à colonnes, fur lefquels ils feroient tenus
d'enregiftrer journellement chaque objet de
recette ; le double de ces états feroit envoyé
directement au Bureau de Paris, par chaque
Receveur particulier, tandis que l'Infpecteur Général de chaque Généralité feroit
un travail général par chaque mois, où il
rendroit compte des variantes qui exifte-
roient entre telle & telle recette des barrières d'une même route. Au refte, les atteliers ambulants, dont je parlerai dans le
Chapitre fuivant, offriroient un autre moyen

fort fimple de vérifier ces recettes particu-
lieres, en chargeant le plus intelligent des
manœuvres dont ils feroient compofés, de
tenir *un attachement* des différentes voitures qui pafferoient fur la partie de route où
ils feroient employés. Ainfi, d'après l'ex-
pofé de la manière dont pourroit fe faire la
recette particulière des barrières, on voit
que les frais de leur perception s'éleveroient
au plus entre cinq ou fix pour cent.

L'Infpecteur Général des barrières, par
chaque Généralité, feroit en même tems
chargé de la totalité de la recette de leur
produit ; c'eft-à-dire, que les fonds, provenants de chaque barrière particulière,
feroient verfés dans fa caiffe.

La collecte s'en feroit par les Infpecteurs
Ambulants, qui feroient eux-mêmes contrô-
lés par un Contrôleur Particulier. Les frais
de ces divers employés pourroient s'eftimer
trois & trois quarts pour cent, pendant
les fix premières années de cet établiffement, & feroient diminués par la fuite à
mefure qu'il atteindroit à fa perfection.

Enfin le Bureau de Paris, où la Régie Générale feroit compofée de douze Régiffeurs
généraux

généraux qui se choisiroient un Caissier , dont ils seroient caution.

Ces Régisseurs généraux seroient à appointement fixes, qui seroient réglés à vingt-cinq mille livres par an , & auroient, indépendamment de leurs appointemens, une remise quelconque sur le produit total des barrières, comme le partage d'un soixantième sol , si l'on supposoit l'aire générale divisée en soixante sols , & une part dans les augmentations de ce produit , d'après la fixation modérée qui en seroit faite.

Cette autre partie des frais de la Recette générale des barrières monteroit environ à deux & demi pour cent.

Enfin en récapitulant les frais généraux de la recette des barrières , il paroît qu'ils s'éléveroient entre douze & treize pour cent , somme qui ne surpasseroit pas les frais de Régie générale qui sont attribués à l'Administration des domaines.

Il me reste à rendre compte des raisons qui m'ont porté à composer la Régie générale des barrières telle que je l'ai proposé; j'exposerai en même tems les avantages instantanés qui pourroient en résulter pour le Trésor Royal. L

La composition du Bureau de Paris, qui seroit formé de douze Régisseurs, m'a paru indispensable, afin de procurer à l'établissement des barrières un crédit qui pourroit être infiniment utile à l'avancement des travaux auxquels seroient destinés les produits desdites barrières. En effet, il seroit possible que ces Régisseurs pussent, dans certaines circonstances, faciliter le service par l'avance de fonds qu'ils procureroient; & cette ressource seroit bien plus avantageuse que celle qu'on n'a jamais pu obtenir des Entrepreneurs des travaux Publics qu'à un intérêt excessif. Ainsi, j'ai pensé qu'on pourroit exiger de chacun de ces Régisseurs à titre de cautionnement, qu'il fournît un million de fonds, qui seroit versé dans le Trésor Royal, & dont on lui paieroit l'intérêt à cinq pour cent.

On exigeroit également des autres Employés des barrières une somme plus ou moins forte, pour servir de cautionnement des fonds qui resteroient entre leurs mains. La taxe de ces sommes pourroit être réglée ainsi qu'il suit.

Chaque Receveur & Inspecteur-Général,

par Généralité , fourniroit foixante - mille livres de fonds ; chaque Receveur & Infpecteur-Ambulant quinze - mille livres , & chaque Receveur particulier depuis cent-cinquante livres jufqu'à deux-mille livres.

On préfume que le Total de ces divers cautionnements feroit un objet d'environ vingt-quatre millions.

Il me refte à propofer un moyen pour faire difparoître la crainte qui s'eft élevée , que les fonds des barrières pourroient être divertis à d'autres ufages qu'à l'entretien des chemins.

Aujourd'hui que l'opinion publique a la plus grande influence fur les diverfes opérations du Miniftre des Finances , on pourroit être raffuré fur la poffiblilité morale que les fonds deftinés à l'entretien des chemins puffent en être détournés , puifqu'il eft vrai de dire que les chemins font fi utiles au commerce , que ce feroit bouleverfer l'ordre général que de négliger de les entretenir. Cependant , comme cette crainte exifte , & qu'elle a même été preffentie dans le Mémoire de M. de la Galaifière , & dans l'Édit fur les corvées de 1776, je ne dois point héfiter d'indiquer le moyen de la combattre.

A cet effet, & pour qu'il ne puiffe jamais exifter aucunes traces d'une crainte femblable, j'ai penfé que le Miniftre des Finances pourroit propofer de créer un Bureau d'Adminiftration générale des barrières, à l'inftar de celui qui eft établi pour furveiller l'emploi des fonds deftinés aux Hôpitaux civils ; de forte qu'en même tems que ce Miniftre fe réferveroit la puiffance d'ordonner feul l'emploi des fonds provenants du produit des barrières, il ne pourroit cependant jamais avoir la faculté de les appliquer à un autre ufage qu'à l'entretien ou à la confection des chemins.

Ce Bureau feroit compofé du Premier-Préfident du Parlement & de deux Députés de fa Compagnie ; du Premier-Préfident de la Chambre des Comptes & de deux Députés de fa Compagnie ; du Premier-Préfident de le Cour des Aides & de deux Députés de fa Compagnie ; du Premier-Préfident des Tréforiers de France & de deux Députés de leur Compagnie ; de M. le Lieutenant-Général de Police ; de M. l'Intendant des Impofitions,

qui auroit le détail ; de M. l'Intendant des
Ponts & Chauffées ; de M. l'Intendant de
Paris ; de deux Députés du Commerce, &
de MM. les Intendants des Généralités, qui
auroient le droit, pendant leur féjour à
Paris, d'affifter aux Séances dudit Bureau.

Ce Bureau feroit chargé de tout ce qui
regarderoit la Régie des barrières, mais particulièrement de furveiller l'emploi des fonds
qui en proviendroient. Dans cette intention,
le Miniftre des Finances lui adrefferoit,
chaque année, les états généraux qu'il auroit
arrêtés des dépenfes qu'exigeroient l'entretien des chemins, & la conftruction des
nouveaux qui auroient été ordonnés.

Ces états ferviroient de bâfe au Bureau
de l'Adminiftration des barrières, pour l'emploi des fonds qu'il auroit en caiffe, &
qu'il ne délivreroit, cependant, qu'aux feuls
Adjudicataires des ouvrages, & d'après des
Certificats des Directeurs des travaux, dû-
ment ordonnés par MM. les Intendants des
Généralités ; lefquels Certificats feroient
enfin les feules pièces comptables qui pourroient être admifes pour fervir de décharge
au Caiffier-Général des barrières.

L iij

Par un moyen auſſi ſimple, que l'on trouve indiqué, pour ainſi dire, ſous la même forme dans l'Edit de 1776, relatif aux corvées (1), jamais les fonds provenants de la recette des barrières ne ſeroient détournés de l'emploi des chemins, puiſque, dans aucun cas, le Caiſſier de cette recette n'entreroit, ni directement, ni indirectement en compte avec le Tréſor Royal, & l'opinion publique ſeroit d'autant plus raſſurée à ce ſujet, que toutes les parties intéreſſées

______

(1) « Nous prendrons, au reſte, toutes les meſures qui dépendront de nous, pour que les fonds provenants de la contribution établie pour la confection des grandes routes, ne puiſſent être détournés à d'autres uſages. Dans cet eſprit, nous n'avons pas voulu que cette contribution ne pût jamais être regardée comme impoſition ordinaire, ni qu'elle pût être verſée dans notre Tréſor Royal, &c.

» Pour que tous nos ſujets puiſſent être inſtruits des objets auxquels ladite contribution ſera employée, nous avons jugé à propos d'ordonner qu'il ſera dreſſé un état arrêté en Notre Conſeil du montant de toutes les Adjudications des travaux qui devront être entrepris dans l'année ; que cet état ſera dépoſé tant au Greffe de nos Bureaux des Finances, qui ſont chargés de l'exécution des états du Roi, qu'à celui de Nos Cours de Parlement, Chambre des Comptes & Cours des Aides, & que chacun de Nos Sujets puiſſe en prendre communication », (*Préambule de l'Édit de 1776 ſur les Corvées*).

à furveiller l'emploi de ces fonds concour-
roient enfemble à l'ordonner.

Cependant, le Miniftre des Finances, qui
auroit porté une pareille loi aux pieds du
Trône, donneroit de lui, fans doute, la plus
haute opinion, en facrifiant ainfi une partie
de fon autorité, dans l'intention de fe mettre
des entraves pour empêcher le mal fur lequel les circonftances pourroient, contre
le vœu de fon cœur, le rendre indifférent,
tandis qu'il conferveroit, au contraire, tout
le pouvoir pour opérer le bien. Peut-être
même qu'en général le Miniftre d'une partie
auffi orageufe feroit-il fouvent plus tranquile
s'il pouvoit foumettre toutes les branches
de l'Adminiftration à un principe auffi fage.
Mais, comment ofer former le projet d'un
tel fyftême, lorfqu'on réfléchit qu'au premier
bruit de guerre, l'ordre commence à s'é-
branler dans les Finances, & qu'une feule
campagne malheureufe fuffit pour l'anéan-
tir. Heureufement que c'eft fur-tout en
tems de guerre que les chemins & les canaux de navigation font les plus utiles, &
qu'ainfi le plan que je propofe paroît devoir
mériter d'être confidéré fous un-rapport

plus favorable, puifque, dans tous les tems, fon exécution feroit également importante.

La Conclufion de ce Chapitre eft 1°. que l'établiffement général des barrières n'exigeant qu'une avance d'environ fept-cent quatre-vingt mille livres, il paroît prouvé jufqu'à l'évidence qu'il eft inutile de former une Compagnie pour le faciliter.

20. Que le produit des barrières peut s'eftimer au moins vingt-cinq millions, dont le commerce acquitteroit à peine le fixième, & d'une manière fi divifée, qu'elle feroit infenfible.

3°. Que les frais de Régie de cet établiffement s'éleveroient au plus à treize pour cent, & qu'ils fe réduiroient à mefure que l'établiffement fe perfectionneroit.

4°. Que les fonds qui feroient fournis à titre de cautionnement par les Employés de cette Régie, formeroient un capital de vingt-quatre millions, lefquels vingt-quatre millions devant être verfés inftantanément dans le Tréfor Royal, offrent une nouvelle preuve de l'inutilité d'une Compagnie, pour monter l'établiffement des barrières, puifque, loin que cet établiſſement exige aucune avance, il peut, au contraire, procurer un puiſſant ſecours.

5.º. Enfin, qu'en ſuivant le plan que i'ai propoſé pour aſſurer l'emploi du produit des barrières, l'opinion publique ne ſeroit plus ébranlée par la crainte que les fonds provenants de ce produit puſſent jamais être détournés de l'uſage auquel il ſeroit deſtiné.

La loi relative, non-ſeulement à ces divers Réglements, mais à ceux qui ont été précédemment indiqués, pourroit être conçue en ces termes (1).

« Nous avons exprimé, par notre Édit
» de 1776, le deſir que nous avons formé
» de ſoulager la claſſe la plus malheureuſe
» de nos Sujets qui étoit appelée à la con-

---

(1) On eſt éloigné de croire que l'Édit dont on trace le Projet ne ſoit ſuſceptible d'une infinité de changements, de corrections, & ſur-tout d'être préſenté ſous une forme de ſtyle plus impoſante. Ainſi, en l'inférant dans cet ouvrage, on n'a d'autre intention que de préſenter un Réſumé exact des avantages de l'établiſſement des barrières, & des moyens de le former.

» fection des chemins , du travail gratuit
» qu'on en exigeoit, & l'intention où nous
» étions de supprimer la corvée en nature.
» Mais nous avons reconnu que le moyen
» qui nous avoit été proposé pour remplacer
» cette imposition , avoit des inconvénients
» qui nous ont engagé à en suspendre l'exé-
» cution. Cependant , pour donner à cette
» classe de nos Sujets , que nous voulions
» essentiellement souftraire à l'imposition la
» plus fâcheuse de toutes celles qu'ils ac-
» quitent, la preuve la plus certaine que nous
» ne cessions de nous occuper d'un objet
» aussi important , nous avions consenti que
» l'on offrît aux Communautés l'option de
» faire leur tâche en nature , ou de se cot-
» tifer pour les faire exécuter à prix d'ar-
» gent ; nous étions éloignés de soupçonner
» que ce moyen , si simple en apparence
» pour arriver au but que nous nous étions
» proposé, n'étoit qu'illusoire. Obligés de
» confier l'exécution de nos ordres à diffé-

» rentes perfonnes dans une partie de l'Ad-
» miniftration auffi étendue & auffi compli-
» quée, il réfultoit que, fuivant leurs opinions
» diverfe fur les avantages que préfentoit le
» rachat de la corvée, & peut-être par un
» zèle d'autant plus indifcret qu'il n'étoit
» point étayé de connoiffances pofitives qui
» puffent le juftifier, on rendroit impof-
» fible le choix que chaque Communauté
» devoit avoir la liberté de faire, en affi-
» gnant à telle Communauté où les chevaux
» & bêtes de traits étoient rares, des ou-
» vrages qui exigeoient des tranfports dif-
» ficiles de matériaux ; & à telle autre
» Communauté, au contraire, où les che-
» vaux & bêtes de traits étoient nombreux,
» des ouvrages qui ne pouvoient fe faire
» qu'à bras d'hommes : en forte que l'option
» que la loi fembloit offrir auxdites Com-
» munautés, difparoiffoit par le fait, & les
» réclamations s'élevoient avec d'autant
» plus de force que le prix des travaux des

» routes devant s'ajouter aux autres impo-
» fitions, auxquelles lefdites Communautés
» étoient tenues, plufieurs fe trouvoient dans
» l'impoffibilité d'acquitter tout-à-la-fois &
» les unes & les autres.

» L'option de la corvée en nature ou des
» tâches à prix d'argent étoit donc un moyen
» infuffifant, pour rendre à nos Sujets la
» charge de l'entretien & de la confection
» des chemins moins onéreufe. Mais, en
» confidérant le montant de l'impofition qui
» devroit remplacer la corvée, nous avons
» été d'autant plus effrayé, que la quantité
» des chemins actuellement faits, n'étant à-
» peu-près que la moitié de celle qui refte
» à faire pour établir entre les Villes de notre
» Royaume la communication que nous dé-
» firons leur donner, nous n'avons pu nous
» diffimuler que cette impofition, au-lieu de
» diminuer, devroit s'accroître d'une part,
» par les matériaux qui, devenant plus
» rares & plus éloignés, acquiéroient chaque

» jour un renchériffement indifpenfable, &
» de l'autre, parce qu'au moment où toutes
» les routes du Royaume feront conftruites,
» la maffe de la dépenfe de leur entretien
» fera plus confidérable que celle qui eft
» aujourd'hui néceffaire pour l'entretien des
» routes déjà exiftantes & des routes neuves
» dont la conftruction nous occupe. Nous
» avons encore à prévoir que, dès l'inftant
» que la corvée en nature fera généralement
» fupprimée, le prix de la main-d'œuvre
» s'élevera dans une proportion que nous
» ne pouvons affigner, mais qu'il eft facile
» de préfumer, en faifant attention qu'en
» multipliant à-la-fois les travaux à prix
» d'argent dans toutes nos Provinces, les
» Manouvriers devenants plus rares, le prix
» de leurs journées s'accroîtra en raifon de
» la diminution de leur concurrence dans
» les travaux. Ainfi, dans la fuppofition où
» la contribution pécuniaire que nous fe-
» rions obligés d'exiger de nos Sujets, pour

» remplacer la corvée à l'époque où elle
» feroit fupprimée, s'élevât à l'égal du troi-
» fième vingtième peut-être, & tout porte
» à le croire, nous aurions à craindre d'être
» forcé d'augmenter fucceffivement cette
» contribution jufqu'au montant d'un autre
» vingtième, laquelle feroit principalement
» acquittée par les propriétaires, & devant
» s'ajouter aux autres charges qu'ils fuppor-
» tent aujourd'hui, romproit indifpenfa-
» blement cet équilibre fi néceffaire à con-
» ferver dans la répartition totale des impo-
» fitions entre les différentes claffes de nos
» Sujets.

» Ce fait, dont un examen plus fuivi de
» cette branche d'Adminiftration nous auroit
» confirmé la vérité, ne pourroit donc nous
» rendre que plus circonfpect dans l'examen
» de la propofition qui nous feroit faite
» d'établir une contribution pécuniaire par
» chaque Communauté pour fuppléer la
» corvée en nature. L'Adminiftration Pro-

» vinciale du Berry nous fournit elle-même
» cette réflexion , malgré qu'elle nous ait
» prouvé, par les moyens qu'elle a employés
» pour supprimer la corvée , l'avantage que
» nos Sujets trouveroient en nous servant
» d'un semblable moyen pour les autres
» Provinces de notre Royaume où la corvée
» en nature est encore exigée. En effet ,
» elle a établi que l'imposition pour les che-
» mins s'éleveroit entre le tiers & le quart
» du principal de la taille pour les habitants
» de la campagne , & de la capitation des
» Villes principales, en doublant de plus de
» moitié ladite imposition pour la classe la
» plus malheureuse, ayant arrêté que ceux
» de cette classe qui seroient imposés à dix
» sols de taille & de capitation , paieroient
» quinze sols pour leur part au rachat de
» la corvée , & nous avons été d'autant plus
» frappé de cette inégalité dans la réparti-
» tion de la contribution pécuniaire , qu'elle
» tomboit sur plus du quart des contribuables.

» Les chemins, fans doute, font d'une
» néceffité indifpenfable, & la proteétion
» que nous devons à l'agriculture qui eft la
» véritable bâfe de l'abondance & de la prof-
» périté publique, & la faveur que nous vou-
» lons accorder au commerce, comme au
» plus fûr encouragement de l'agriculture,
» nous feront éviter de négliger cette branche
» effentielle de l'Adminiftration. Mais il
» manque au commerce une autre efpèce
» de routes, qui font d'autant plus précieufes
» à lui donner, que la différence du tranf-
» port par les unes & par les autres étant
» dans la proportion de 1 à 150, il réfulte
» qu'en ouvrant ces nouvelles routes, l'ex-
» portation & l'importation de toutes les
» denrées de grand encombrement & de
» peu de valeur intrinsèque, deviendroient
» poffibles : nous entendons parler des ca-
» naux navigables, dont la conftruétion a
» été trop négligée jufqu'à préfent, foit que
» la théorie n'ait encore fourni que des
                                    » moyens

» moyens imparfaits pour les diriger, foit
» qu'en général on ait été effrayé par les
» dépenfes qu'ils exigent.

» Cependant, en ouvrant au commerce
» ces nouvelles routes, on diminueroit né-
» ceffairement l'entretien des chemins, puif-
» que ces derniers ne feroient plus fuivis
» que dans quelques parties où il feroit
» impoffible d'établir des communications
» par eau, ou pour le tranfport des mar-
» chandifes qui demanderoient un tranfport
» plus prompt.

» En confidérant les canaux de navigation
» relativement aux chemins de terre, nous
» avons encore reconnu que les premiers
» ne peuvent être faits qu'à prix d'argent, &
» qu'en répandant dans les Provinces la
» maffe de la dépenfe de leur conftruction,
» ce feroit un moyen de fournir aux Ma-
» nouvriers de l'ouvrage en tout tems,
» fans qu'ils fuffent obligés d'émigrer des
» lieux de leur réfidence ordinaire; ce qui

M

» détruiroit, en grande partie, la mendicité,
» & favoriseroit l'agriculture, en donnant
» à ces Manouvriers la possibilité de culti-
» ver eux-mêmes les petites portions d'hé-
» ritage dont ils sont propriétaires. Il suit
» encore de cette observation, que les Atte-
» liers de charité que nous avons établis
» dans l'intention de donner du travail aux
» pauvres valides dans les moments où ils
» ne peuvent s'en procurer dans les cam-
» pagnes, deviendroient moins utiles, & que
» les fonds que nous destinons à ces Atteliers,
» de notre Trésor Royal, étant nécessaire-
» ment levés sur nos Peuples, nous pour-
» rions les soulager de cette somme, en
» supprimant lesdits Atteliers.

» Mais en ne perdant point de vue la
» grande différence qui se trouve entre le
» prix du transport par terre, & le prix du
» transport par eau, on ne peut ne pas re-
» connoître le bénéfice immense que reti-
» reroit le commerce, si on lui donnoit la

» jouiſſance de ce nouveau tranſport. Cette
» réflexion conduit à une autre réflexion.
» Dès que le commerce devroit eſſentiel-
» lement profiter du bénéfice de ce nou-
» veau tranſport, il feroit juſte d'en exi-
» ger quelques facrifices momentanés.

» Et c'eſt en réuniſſant les diverſes idées
» de juſtice qu'il y auroit de foulager d'une
» part la claſſe la plus indigente de nos fu-
» jets, en la délivrant d'un travail gratuit
» qu'on en exigeoit contre ſes intérêts, &
» l'avantage que retireroit le commerce
» des canaux de navigation, que nous avons
» penſé, qu'en établiſſant des barrières fur
» toutes les routes où l'on feroit acquitter un
» péage infiniment modéré, nous pourrions
» eſpérer de pouvoir tout-à-la-fois annon-
» cer à nos peuples, la ſuppreſſion totale de
» la corvée & de toute autre impoſition
» pécuniaire qui la remplaceroit, & la pro-
» tection particulière que nous ſommes dé-
» terminés à accorder aux canaux de na-

» vigation, vers lefquels l'établiffement
» des barrières dirigeroit conftamment l'o-
» pinion, en mettant chacun à portée de
» reconnoître que le plus grand moyen
» pour en faciliter la conftruction, feroit
» de rétablir la proportion qui exifte natu-
» rellement entre le tranfport par terre &
» le tranfport par eau ; proportion qui eft
» néceffairement détruite par les droits d'au-
» tant plus exceffifs, dont font furchargées
» les routes par eau, qu'ils s'accroiffent en-
» core par l'état d'imperfection où elles fe
» trouvent, & que l'établiffement des bar-
» rières nous donnera la facilité de fuppri-
» mer fans délai.

» Ce moyen, qui a été employé par plu-
» fieurs Puiffances de l'Europe, rejette en
» effet fur la claffe générale des Confom-
» mateurs Regnicoles & Etrangers, la dé-
» penfe des chemins. D'ailleurs, rien n'eft
» plus jufte que de faire payer les chofes à
» ceux qui les ufent. Les barrières préfen-

» tent encore un autre avantage. Elles don-
» nent la poſſibilité d'exécuter tous régle-
» ments indiſpenſables pour arrêter les trop
» grandes dégradations des routes. Elles
» fourniſſent un moyen ſimple de lever ſans
» contrainte une impoſition qui, par cela
» même qu'elle eſt exceſſivement diviſée,
» eſt infiniment moins ſentie, & que cha-
» cun, pour ainſi dire, a la facilité de s'y
» ſouſtraire. L'établiſſement des barrières
» ſoulage enfin directement la claſſe de nos
» ſujets la plus nombreuſe, & ſur laquelle
» le beſoin qu'elle a d'être protégée, fixera
» ſans ceſſe notre attention. A la vérité,
» on pourroit objecter, que le commerce
» & l'induſtrie étant les agents principaux
» de l'agriculture, il faut ſe garder de met-
» tre aucune entrave au commerce ; mais
» loin qu'on puiſſe conſidérer raiſonnable-
» ment les barrières comme des entraves
» au commerce, on voit au contraire qu'elles
» donnent le moyen de lever toutes celles

M iij

» que les loix lui avoient impofées, telles
» que la Délaration de 1724, rendue fur
» le fait du roulage, & toutes les autres fur
» le même fait, qui ont été publiées jufqu'à
» ce jour ; d'ailleurs par le compte que nous
» nous fommes fait rendre de l'exacte ré-
» partition de l'impôt des barrières, nous
» nous fommes affurés que le commerce
» pris dans fa véritable acception, n'en fup-
» porteroit qu'un fixième.

» Or, en confidérant fon étendue, & la
» divifibilité extrême de l'impofition qu'il
» fupporteroit au paffage des barrières,
» nous n'avons point été arrêté par la crainte
» qu'il éprouveroit quelque gêne dans fes
» mouvemens. Une autre confidération auffi
» puiffante a fixé notre opinion fur l'avan-
» tage de l'établiffement des barrières. Nous
» avons reconnu que, fi l'on ne peut dou-
» ter que toutes impofitions fur les proprié-
» tés foncières finiffent par être acquittées
» par le Confommateur , il eft également

certain qu'une impofition particulière fur
» le Confommateur, dès qu'elle eft géné-
» rale, ne peut nuire davantage, ni à l'a-
» griculture, ni au commerce, ni à l'in-
» duftrie, que fi elle étoit appliquée direc-
» tement fur le Cultivateur.

» Nous ne nous fommes point diffimulé
» une autre crainte que nous avons vu s'éle-
» ver dans l'opinion publique; c'eft que les
» befoins, fans ceffe renaiffants, du Tréfor
» Royal, n'engageaffent de détourner les
» fonds provenants de la Recette générale
» des barrières, pour les employer à des
» dépenfes plus urgentes. Mais pour raffu-
» rer nos Sujets fur cette crainte, qui exif-
» teroit encore, lors même que nous con-
» fentirions qu'il fût établi, comme en
» Berri, une contribution pécuniaire pour
« remplacer les corvées, nous avons créé
» un Bureau d'Adminiftration, qui fera com-
» pofé de Membres de nos Cours de Parle-
» ment, de notre Chambre des Comptes,

» de notre Cour des Aydes , de nos Tré-
» foriers de France , du Lieutenant-Géné-
» ral de Police de notre bonne Ville de
» Paris , de notre Intendant des Ponts &
» Chauffées , de notre Intendant des Im-
» pofitions , &c. Lequel Bureau fera ex-
» preffement chargé de veiller , non-feule-
» ment à la Régie la plus parfaite de l'éta-
» bliffement des barrières , mais encore à
» l'emploi defdits fonds , dont nous avons
» confenti que jamais & fous aucun pré-
» texte , il ne puiffe être verfé aucune por-
» tion dans notre Tréfor Royal , ni en être
» détournée pour être appliquée à un autre
» ufage qu'à l'entretien ou à la conftruc-
» tion des routes , ayant prefcrit à ce fujet
» une forme qui doit prévenir tous les in-
» convénients , & fur ledit emploi des
» fonds , & fur la comptabilité. » A ces
caufes , & autres à ce nous mouvant , de
l'avis de notre Confeil , &c.

Article premier. Il fera établi des barrières fur toutes les routes du Royaume aux lieux & diftances qu'il fera jugé néceffaire, & à commencer du premier Avril 1786, les voitures de toute efpèce, même celles qui font employées par notre Ferme Générale pour le tranfport des fels & des tabacs, acquitteront un péage qui fera fixé à raifon de quinze deniers par chaque lieue de pofte ou de deux-mille toifes, pour chaque cheval, dont elles feront attelées.

Art. deuxième. Voulons cependant que lefdits droits foient réduits à douze deniers par chaque cheval, pour les voitures deftinées à faire le roulage, dont les jantes des roues auroient fix pouces de largeur, à neuf deniers pour celles dont les jantes des roues auroient neuf pouces de largeur, & à fix deniers pour celles dont les jantes des roues auroient un pied de largeur, le tout également par chaque lieue de pofte ou de deux - mille toifes.

Art. troisième. N'entendons cependant faire jouïr de ladite diminution, que les voitures à deux roues qui ne seroient chargées que du poids de quarante-cinq quintaux, & qui seroient attelées de moins de cinq chevaux, & les voitures ou charriots à quatre roues qui seroient chargées du poids de sept milliers, & qui seroient attelées de moins de huit chevaux; & comme le but de l'Article deux ci-dessus, & de celui ci, est essentiellement d'empêcher la dégradation des routes, nous réduisons également à six deniers par chaque lieue de poste toutes voitures à quatre roues, semblables à celles qui font en usage dans quelques-unes de nos Provinces, & particulièrement en Franche-Comté, & qui ne feroient attelées que d'un seul cheval.

Art. quatrième. La taxe, au contraire, de quinze deniers pour chaque cheval, fera double ou de trente deniers par chaque lieue de poste & pour chaque cheval, mulet ou paire de bœufs, pour toutes les voitures à deux roues à jantes étroites qui, étant attelées de plus de quatre chevaux, mulets ou paires de bœufs, seroient chargées de plus de quarante-cinq quintaux, & pour les voitures ou charriots à quatre roues à jantes étroites, qui, étant attelées de plus de sept chevaux, seroient chargées de plus de sept milliers. Cette taxe sera même portée à soixante deniers par cheval pour toutes voitures à deux roues à jantes étroites, qui, étant attelées de six chevaux, seroient chargées d'un poids de plus de six milliers & demi, & pour toutes voitures à quatre roues à jantes étroites, qui, étant attelées de plus de huit chevaux, seroient chargées d'un poids de plus de neuf milliers.

Art. cinquième. Défendons expressément que, dans aucun cas, & sous aucun prétexte, il puisse être attelé aux voitures à deux roues, soit à jantes étroites, soit à jantes larges, plus de six chevaux, & aux

voitures à quatre roues, foit à jantes étroites, foit à jantes larges, plus de dix chevaux, fous peine de confifcation totale defdits harnois, & de quinze-cents livres d'a-
mende. Exceptons cependant les fardeaux
qui feroient fous une feule maffe, tels que
les ancres de marine, les canons de gros
calibre, les blocs de pierre ou de mar-
bres, les arbres de preffoir & les bois de
conftruction ; voulant même que la taxe
defdits fardeaux foit réglée fuivant les Articles un & deux.

Art. fixième. Mais le nombre des chevaux ne pouvant fervir à conftater d'une
manière exacte, quelle eft la charge des
voitures, & n'étant pas jufte d'exiger une
taxe plus forte d'un voiturier qui, dans
l'intention de ménager fes harnois, préfè-
reroit de mettre un plus grand nombre de
chevaux, il fera établi de diftance en diftance des machines à bafcule ou efpèces de
balance, fur lefquelles on fera paffer les

voitures à deux roues, qui, étant attelées de plus de trois chevaux, contesteroient d'avoir une charge plus forte que celle qui a été réglée par les Articles trois & quatre. Ces machines nous ayant paru le moyen le plus simple & le plus expéditif pour empêcher les contestations qui pourroient s'élever entre les Receveurs des barrières & les Voituriers, ces mêmes machines serviront également à vérifier la charge des voitures à quatre roues, cependant l'établissement de ces machines étant dispendieux, & l'espèce de Commis qu'il conviendroit de mettre pour les gouverner, étant plus difficile à se procurer, nous éviterons de les multiplier au-delà de ce que nous jugerons nécessaires pour le bien du service. A cet effet, tout Roulier qui sera chargé d'un poids au-delà de celui qui est fixé, pour qu'il ne soit tenu d'acquitter que la taxe simple de quinze deniers par chaque cheval, mulet, ou paire de bœufs pour chaque lieue

de poste, sera tenu de justifier dans les barrières où il n'y aura point de machine à bascule du poids qui aura été reconnu dont il
étoit chargé au passage de l'une desdites machines ; &, dans le cas où ledit Voiturier
auroit égaré le reçu qui justifieroit le poids
de sa charge, les Receveurs des barrières,
où il n'y aura point de machine à bascule, seront autorisés à exiger de ce Roulier les
droits de plus forte taxe indiquée par l'Article quatrième, en raison du nombre de
chevaux dont sa voiture seroit attelée.

Art. septième. Tout Voiturier quelconque
qui se refuseroit de payer aux Receveurs
des barrières les droits auxquels il sera tenu
suivant les Articles premier, deuxième,
troisième & quatrième, ou qui auroit cherché à passer en fraude, sera poursuivi ex-
traordinairement, & condamné à une amende
de cinq-cents livres payables sans déport,
& seront ses harnois pris, saisis & vendus
dans le délai le plus prochain, à défaut de

paiement de ladite fomme, ou d'avoir fourni une caution folvable qui puiffe certifier le paiement fous un mois.

Art. huitième. Tous les autres animaux qui parcourront les grandes routes, même ceux qui feroient amenés dans les Villes, Bourgs & Villages fitués fur lefdites routes, pour y être vendus les jours de foire & marché, feront affujettis de payer un droit de barrière : fçavoir, pour chaque bœuf, vache, cheval, mulet ou bête de fomme, douze deniers; pour chaque veau & porc, fix deniers; & par chaque mouton, brebis, bélier, chèvre, &c., trois deniers; voulons que lefdits droits foient perçus, non à raifon de chaque lieue, ainfi qu'il a été reglé pour toute voiture quelconque, mais feulement au paffage de chaque barrière.

Art. neuvième. N'entendons, cependant, comprendre dans lefdites taxes impofées par les Articles premier, deuxième, troifième & quatrième, & par l'Article ci-deffus, aucune des voitures deſtinées à la culture & exploitation des terres, ſoit pour ramaſſer les récoltes, laiſſant même la liberté auxdites voitures d'être attelées d'un nombre indéfini de bêtes de trait; comprenons également dans ladite exemption les bœufs, vaches, moutons des Communautés où ſeroient établies les barrières, & qui y paſſeroient pour aller paître & rentrer le ſoir dans ladite Communauté.

Art. dixième. Exemptons pareillement de tous droits de barrières toutes voitures bourgeoiſes connues ſous la dénomination de Berlines, Diligences, Déſobligeantes, Chaiſes & Cabriolets, lorſque leſdites voitures ſeront conduites par les chevaux & domeſtiques de leurs propriétaires, les aſſujettiſſant dans le cas contraire aux droits indiqués par l'Article premier; & s'il étoit reconnu que leſdites voitures ſeroient attelées de chevaux de louage, & qu'elles auroient négligé de le déclarer pour ſe ſouſtraire au péage des barrières,

barrières , elles feront faifies , & le propriétaire des chevaux & celui de la voiture , condamnés chacun féparément en une
fomme de cinq-cents livres , qui feront exigibles fous les mêmes formes indiquées par
l'Article troifième.

Art. onzième. Exemptons pareillement de
tous droits de barrière tout Cavalier qui
n'auroit derrière lui aucune valife ni porte-
manteau , à moins que lefdits Cavaliers faifant route , ne fuffent accompagnés de voitures ou d'autres chevaux montés par leurs
domeftiques, qui porteroient leurs bagages ,
voulant que , dans ce dernier cas , ils foient
affujettis aux mêmes droits par chaque cheval , que celui qui a été reglé par l'Article
premier.

Art. douzième. Ne feront comprifes dans
les exemptions défignées dans les Articles dix & onze ci - deffus , aucunes voitures qui feroient conduites en pofte , ni les
Carroffes de remife , Fiacres & toutes autres

N

voitures publiques, même celles qui feront fournies par les Meſſageries, toutes leſdites voitures demeurant aſſujetties aux droits indiqués par l'Article premier, ainſi que tout cheval, mulet ou bête de ſomme, qui feroit chargé ou non chargé, & conduit par un Conducteur; leſquels chevaux, mulets ou bêtes de ſomme feront, cependant, tenus d'acquitter un ſimple droit de péage de douze deniers à chaque paſſage de barrière.

Art. treizième. Dans le cas où les Voituriers feroient obligés d'employer des chevaux de renfort aux côtes & paſſages difficiles, & que la charge n'excéderoit pas celle qui a été reglée par les Articles premier, deuxième, troiſième & quatrième, ils ne feront point aſſujettis à payer un droit plus fort que celui qui eſt indiqué par leſdits Articles. Ces parties de chemin feront, au ſurplus, déſignées & limitées par des Ordonnances particulières, ſoit de nos Commiſſaires départis dans les Provinces, ou des

Treforiers de France dans la Généralité de Paris, que nous autorifons à cet effet.

Art. quatorzième. Défendons au furplus à tous Rouliers & Voituriers quelconques, de fe fervir de roues, foit à jantes larges, foit à jantes étroites, dont les bandes feroient attachées avec des clous taillés en pointe, & ce à peine de quinze livres d'amende. Leurs défendons pareillement d'attacher derrière leurs voitures, fous quelque prétexte que ce foit, aucuns chevaux, mulets, ou paire de bœufs, excédents le nombre fixé par l'Article cinq, le tout à peine de confifcation des bœufs, mulets qui excéderoient ledit nombre. Voulons d'ailleurs que lefdits chevaux ou mulets foient affujettis aux mêmes droits de péage que ceux qui font fixés par l'Article quatre.

Art. quinzième. Nous ordonnons, en outre, à tout propriétaire de charrettes, charriots, & autres voitures employées au roulage & au tranfport de toutes denrées &

marchandifes quelconques, de faire pein-
dre en caractères gros & lifibles fur une pla-
que de métal pofée en avant des roues au
côté gauche de leur voiture, leurs noms, fur-
noms & domiciles, avec le numero qui leur
fera indiqué au Bureau de l'Intendance ou
de la Subdélégation où ils feront tenus d'aller
déclarer qu'ils ont intention d'entreprendre
ce genre de commerce; dans lefquels Bureaux ils feront enregiftrés fans frais: & ce
fous peine de quinze livres d'amende. Voulons que ceux qui feroient reconnus avoir
mis un autre nom que le leur, ou indiqué
un faux domicile, foient condamnés à une
amende de cent livres pour la première fois,
& du double en cas de récidive, à la con-
fignation provifoire de toutes lefquelles
amendes ès-mains des Receveurs des barrières, les contrevenants pourront être contraints par la faifie & mife en fourrière
de leurs chevaux.

Art. feizième. Nous enjoignons aux Offi-

ciers & Cavaliers de Maréchauffées d'arrêter, à la réquifition des Receveurs des barrières, ou tous autres employés à l'infpection defdites barrières, tous voituriers qui
feront trouvés en contravention à tous les
articles du Reglement mentionné au préfent Edit, fauf auxdits voituriers à fe pourvoir en dédommagement par-devant nos
Commiffaires départis dans chaque Généralité ou leurs Subdélégués de la Ville la
plus prochaine, contre lefdits Receveurs,
ou autres prépofés aux barrières, dans le
cas où ils auroient été arrêtés injuftement.

Art. dix-feptième. Tous les fonds provenants des recettes defdits péages, feront
verfés dans une caiffe particulière, que
nous nous propofons d'établir à cet effet;
& afin que, dans aucun cas, lefdits fonds
ne puiffent être divertis à un autre ufage
qu'à celui de l'entretien & confection des
routes, nous avons jugé à propos de faire
furveiller la recette générale defdites bar-
N iij

rières, & l'emploi du produit des fonds par un bureau particulier d'adminiſtration, qui ſera compoſé, ainſi qu'il ſuit : ſçavoir, de M. le Premier Préſident de notre Cour de Parlement, & de deux Députés de ſa Compagnie, de M. le Premier Préſident de notre Chambre des Comptes, & de deux dépuſés de ſa Compagnie; de M. le Premier Préſident de la Cour des Aydes, & de deux Députés de ſa Compagnie; de M. le Premier Préſident des Tréſoriers de France, & de deux Députés de leur Compagnie; du Lieutenant-Général de Police de notre bonne Ville de Paris; de notre Commiſſaire départi de la Généralité de Paris; de notre Intendant des Ponts & Chauſſées, de notre Intendant des Impoſitions, de deux Députés de notre Chambre de Commerce, & de nos autres Commiſſaires départis dans nos Provinces, que nous autoriſons à aſſiſter audit Bureau, lorſqu'ils ſe trouveront à Paris.

Art. dix-huitième. Ce Bureau connoîtra de tous les différends qui s'éléveroient fur le fait des barrières qu'ils jugeront en dernier reffort. Il connoîtra également des loix & reglemens de Police particulière, qui feroient jugés néceffaires pour la perfection de l'établiffement defdites barrières, après toutefois que le rapport en aura été fait à notre Confeil.

Art. dix-neuvième. Réfervons cependant au Contrôleur-Général de nos Finances la nomination à tous les emplois relatifs à la régie générale des barrières ; voulant que les fonds qui feront exigibles à titre de cautionnement de tous Employés à ladite régie, foient verfés dans notre Tréfor - Royal, nous réfervant de règler inceffamment tout ce qui concerne ladite régie de la manière la plus propre à conduire à la même économie que nous avons apportée dans les autres parties de nos finances.

Art. vingtième. Pour l'emploi des fonds

N iv

provenants defdits péages, il fera fait des devis & détails, & paffé des adjudications defdits ouvrages, & des baux de leur entretien, dans la forme qui fera par nous prefcrite, nous réfervant, comme par le paffé, la connoiffance de la direction des routes, des eftimations, adjudications, & de toutes les claufes qui pourront y être contenues, circonftances & dépendances.

Art. vingt-unieme. Mais voulons qu'il foit remis une expédition en forme defdits devis & détails, adjudications defdits ouvrages & baux de leur entretien au bureau de l'adminiftration des barrières, lequel bureau fera autorifé à faire payer fur les fonds provenants des recettes defdites barrières, après la déduction faite des frais de régie, le montant defdites adjudications & baux d'entretien des ouvrages ordonnés par lefdites adjudications, d'après les certificats qui feront délivrés aux adjudicataires par nos Ingénieurs des Ponts & Chauffées, revêtus

des ordonnances de nos Commiſſaires départis dans chaque Généralité, leſquels certificats feront les feules pièces comptables
qui ſerviront au Caiſſier Général de la recette des barrières, pour juſtifier de l'emploi deſdits fonds; faiſons très-expreſſes in-
hibitions & défenſes audit Caiſſier Général
ou ſes Commis, de ſe deſſaiſir deſdits deniers pour toute autre deſtination que ce
puiſſe être, à peine d'être forcés en recette de
la totalité des ſommes qu'ils auroient payées
contre la diſpoſition du préſent Article,
lors de la reddition de ſes comptes en notre
Chambre des Comptes.

Art. vingt-deuxieme. Dans le cas où les
fonds provenants de la recette générale des
barrières, dont l'emploi auroit été ordonné,
n'auroient point été conſommés en entier
dans le cours de l'année qui auroit été dé-
ſignée, ils feront ajoutés aux fonds de l'année
ſuivante, & en augmentation d'ouvrages
neufs; & dans le cas au contraire, où des

circonftaces particulières auroient exigé une dépenfe plus confidérable que le produit des barrières ne fe feroit élevé , il y fera pourvu des fonds de notre Tréfor-Royal , fauf à dé-cider en notre Confeil , fi lefdits fonds de-vront y être rendus , ou fi nous devons en faire le facrifice.

Art. vingt-troifieme. Voulons au furplus, qu'à l'égard de conftruction de ponts & au-tres ouvrages d'art , il foit continué d'y être pourvu fur les mêmes fonds qui y ont été deftinés par le paffé ; n'entendons cepen-dant prendre fur lefdits fonds les dédomma-gemens qui feront dûs aux propriétaires des héritages & bâtiments qu'il fera néceffaire de traverfer ou de démolir, ainfi que ceux qui feront dégradés par l'extraction des ma-tériaux, voulant que ledit dédommagement foit pris fur les fonds provenants de la re-cette générale des barrières ; autorifons en conféquence ledit Caiffier général de ladite Recette , à payer fur les procès-verbaux defdits dédommagements reglés & ordonnés par nos Commiſſaires départis, les ſommes qui ſeront adjugées pour leſdits dédommagemens, leſquelles ſommes lui ſeront allouées en dépenſe en notre Chambre des Comptes.

Art. vingt-quatrieme. Au moyen deſdits péages établis ci-deſſus, il ne ſera plus exigé de nos Sujets, aucun travail gratuit, ni forcé ſous le nom de corvée, ou ſous quelqu'autre dénomination que ce puiſſe être, à commencer du premier Octobre 1788 ; ſoit pour la conſtruction des chemins, ſoit pour tout autre ouvrage public, ſi ce n'eſt dans le cas où la défenſe du pays, en tems de guerre, exigeroit des travaux extraordinaires, auquel cas il y ſeroit pourvu, en vertu de nos ordres adreſſés aux Gouverneurs, Commandants, ou autres Adminiſtrateurs de nos Provinces. Défendons en toute autre circonſtance, à tous ceux qui ſont chargés de l'exécution de nos ordres, d'en commander ou d'en exiger, nous réfervant de faire payer ceux que, dans ce cas, la néceffité des circonftances obligeroit d'enlever à leurs travaux.

Art. vingt-cinquieme. Voulons également qu'à ladite époque du premier Octobre de 1788, il ne foit exigé de nos Sujets aucune contribution pecuniaire ou autre impofition quelconque, fous quelque dénomination que ce puiffe être, pour la confection & l'entretien des chemins, nous réfervant d'y pourvoir des fonds de notre Tréfor-Royal, dans le cas où il arriveroit que les droits de péage que nous avons établis par le préfent Edit, feroient infuffifants pour fournir à ces divers ouvrages, & que nous aurions reconnu que la protection que nous devons au commerce, à l'induftrie, & à l'agriculture, nous prefcriroit des limites pour l'augmentation defdits droits que nous ne pourrions franchir fans craindre de rompre cet équilibre fi néceffaire à conferver en-

tre ces branches importantes de l'Adminiftration.

Art. vingt-fixieme. Les fonds qui provien-
dront de la Recette générale des barrières,
depuis le moment où elles feront établies,
jufqu'à l'époque du premier Octobre 1788,
ferviront à acquitter les frais indifpenfables
pour monter un pareil établiffement, & à
éteindre la totalité des droits & péages, de
quelque nature qu'ils puiffent être, actuellement exiftants fur les différentes rivières,
& principalement les péages de la Seine,
ceux de la Saone, de la Loire & du Rhône,
regardant ces divers péages comme les entraves dont il importe davantage de débar-
raffer le commerce, & l'extinction de ces
mêmes péages comme un acheminement
certain à la poffibilité de diminuer l'entretien
des routes, en facilitant le tranfport par
eau. Voulons, au furplus, que le reftant
defdits fonds foit employé dans le cours de
l'année 1789 à la conftruction ou à la per-

fection des nouvelles routes qui auront été arrêtées en notre Conseil, suivant la forme ci-dessus prescrite par les Articles vingt-unième & vingt-deuxième, dont on suivra également la teneur, pour la justification de l'emploi desdits fonds, & la comptabilité.

Art. vingt-septieme. Nous créons & instituons une Compagnie de douze Rece veurs-Généraux des barrières, lesquels nous présenteront un Caissier dont ils feront caution, & que nous ferons pourvoir en notre grande Chancellerie de la Commission de Caissier-Général de la caisse commune des péages, sauf auxdits Receveurs-Généraux à lui faire fournir tel cautionnement qu'ils jugeront convenable.

Art. vingt-huitieme. Lesdits Receveurs-Généraux seront tenus de déposer en notre Trésor Royal, avant le dernier Décembre prochain un million de livres chacun par forme de cautionnement, laquelle somme leur sera remboursée en deniers comptants en cas de démiſſion, ou à leurs héritiers en cas de décès.

Art. vingt-neuvieme. Nous avons attribué & attribuons annuellement à chacun deſdits douze Receveurs Généraux cinquante-mille livres pour l'intérêt au denier vingt de leur cautionnement, qui leur feront payées par notre Tréſor Royal, & vingt - cinq - mille livres par forme de traitement, qui leur feront payées ſur les fonds provenants des recettes des barrières ; le tout à compter du premier Janvier prochain, ſans aucune retenue de Dixième, Vingtième, ſols pour livre, ni Dixième d'amortiſſement, nous réſervant à pourvoir, par un Reglement darticulier, à l'augmentation dudit traitement, de manière à intéreſſer l'exactitude de leur ſervice, ainſi que nous l'avons reglé, ſoit pour la partie de l'Adminiſtration de nos Domaines, ſoit pour la Régie générale des Droits d'Aide, &c.

Art. trentieme. Nous avons accordé auxdits Receveurs-Généraux des barrières les prérogatives qui sont attribuées aux Receveurs-Généraux de nos Finances, pour par eux en jouïr de la même manière qu'en jouïssent ces derniers.

Art. trente-unieme. Chacun desdits Receveurs-Généraux obtiendra en notre Grande-Chancellerie une Commission qui, pour cette fois, sera exempte de tous Droits de Sceau, Marc-d'or, & autres à nous dûs ; ils prêteront serment, & se rendront caution dudit Caissier-Général de la caisse commune en notre Chambre des Comptes, qui, de même pour cette fois seulement, ne pourra exiger aucuns droits ni épices.

Art. trente-deuxieme. La Commission que nous ferons expédier en notre Grande-Chancellerie, au nom dudit Caissier-Général, sur la présentation desdits Receveurs-Généraux, sera de même exempte pour cette fois de tous Droits de Sceau & de Marc-d'or à nous dûs ; il prêtera serment en notre

Chambre

Chambre des Comptes, & il fera difpenfé de noûs fournir aucun cautionnement particulier, au moyen de la garantie defdits Receveurs-Généraux & des douze millions qu'ils auront dépofés en notre Tréfor Royal.

Art. trente-troifieme. Pour faciliter le fervice defdits Receveurs - Généraux , nous avons établi & établiffons un Receveur-Particulier par chaque Généralité , lefquels Receveurs-Particuliers feront tenus de verfer les fonds de leur Recette , & de rendre leur compte au Caiffier-Génèral à la fin de chaque mois.

Art. trente-quatrieme. Chacun defdits Receveurs-Particuliers par Généralité feront créés en titre d'office , dont la Finance fera de foixante mille livres , qui feront verfés dans notre Tréfor Royal , pour lefquels il leur fera attribué trois mille livres annuellement , à titre de gages & pour l'intérêt au denier vingt de laditte fomme , & trois deniers par livres fur la totalité de leur

Recette, à titre de traitement pour le fer-vice auquel ils feront tenus, & qui fera réglé par le Bureau d'Adminiftration géné-rale.

Art. trente - cinquieme. Indépendamment defdits Receveurs-Particuliers par Généra-lité, il fera établi quatre Infpecteurs des barrières ou Receveurs-Ambulants, qui fe-ront tenus de verfer chacun quinze mille livres de fonds, à titre de cautionnement, dans notre Tréfor Royal, pour lefquelles il leur fera attribué annuellement fept cent cinquante livres pour l'intérêt au denier vingt defdites quinze mille livres, & trois deniers par livres de la Recette générale qui leur fera confiée, pour leur tenir lieu d'appointements ; le tout ainfi qu'il fera réglé par le Bureau de l'Adminiftration générale.

Art. trente-fixiéme. Pour furveiller l'or-dre que les fufdits Employés mettront dans leur fervice, nous avons établi & établif-fons deux Contrôleurs Ambulants par cha-

que Généralité, dont le fervice fera réglé
par le Bureau de l'Adminiftration Générale,
& comme il pourra arriver que lefdits Contrôleurs foient chargés dans certaines circonftances de quelque portion de recette,
chacun defdits Contrôleurs fera tenu de verfer dix mille livres dans notre Tréfor-Royal
à titre de cautionnement, pour lefquels il
leur fera attribué annuellement cinq cens
livres pour lintérêt, au denier vingt de ladite fomme de dix mille livres, & trois mille
livres d'appointements, laiffant au Bureau
de l'Aminiftration Générale la faculté d'accorder auxdits Contrôleurs de gratifications
proportionnées à l'exactitude de leur fervice; mais qui, dans aucun cas, ne pourront excéder la fomme de huit cens livres
pour chacun defdits Contrôleurs.

Art. trente-feptiéme. Quant aux Commis
ou propofés pour recevoir à chaque barrière le prix du péage, fuivant le tarif qui
eft réglé par le préfent Edit, nous abandon-

nons aux foins du Bureau de l'Adminiftra-
tiou Générale, de fixer la remife qui devra
être faite à chacun defdits prépofés, en
raifon de l'importance de leur recette, laquelle remife fera cependant fixée généralement à fix deniers pour livre, fans quelle
puiffe excéder, fous aucun prétexte, vingt-
quatre deniers, laiffant même la faculté audit Bureau d'affermer lefdites Recettes, s'il
le juge plus avantageux au bien du fervice.
Voulons néanmoins que chacun defdits prépofés foient tenus de fournir à notre Tréfor-Royal une fomme à titre de cautionnement, qui ne pourra être moindre que le
fixième du produit moyen de la recette qu'il
fera pendant le cours d'une année; mais
comme ce produit ne fera bien connu qu'à-
près plufieurs années, nous nous en rap-
porterons, à ce fujet, à ce que le Bureau
de l'Adminiftration Générale aura décidé,
& pour ce, l'autorifons à faire tel Réglement qu'il jugera convénable, ainfi que pour

le verſement des fonds des mains deſdits pré-
poſés, entre celles des Receveurs Ambulants, Contrôleurs, & Receveurs particuliers que nous avons établis par chaque Généralité.

Art. trente-huit. Voulons au ſurplus, que
tous les Employés à la Recette Générale
des barrières, ſous quelque dénomination
que ce puiſſe être, jouiſſent des mêmes
prérogatives que nous avons attribués aux
Employés dans nos Fermes Générales, telles
qu'exemption de milice, tutelle, curatelle,
logement de gens de guerre, & autres im-
munités que nous avons jugés à propos de
leur accorder.

POUR fixer plus particulièrement l'attention ſur le plan de l'Édit que je viens de
propoſer, je rapporterai, dans le dernier Chapitre de cet ouvrage, le réſumé de la loi relative au même objet qui a été renouvellée en
Angleterre dans la treizième année du règne
de Georges III, & qui eſt ſuivie à la rigueur.

O iij

On verra que cette loi a tout prévu soit pour la conservation des chemins, soit pour leur entretien, & comment elle a servi à déterminer l'opinion, vers les moyens que la mécanique pouvoit fournir, pour arriver au but qu'une Administration vigilante fait emprunter d'une science aussi utile, pour faire disparoître les entraves que le commerce auroit à craindre, si l'on négligeoit de combiner tout-à-la-fois les ressources qu'elle fournit, avec les dangers qu'une décision trop précipitée peut entraîner, lorsqu'on croit avoir saisi parmi les combinaisons infinies qu'elle présente, celles qui ne peuvent être choisies qu'à l'aide de la plus profonde réflexion, & suffisamment étayée de connoissances positives dans les diverses branches de l'Administration qu'elle intéresse.

On ne sauroit, en effet, considérer la sagesse & l'étendue de la loi relative au roulage que l'Angleterre fait observer sans être pénétré d'un sentiment d'admiration que je m'efforcerois inutilement d'exprimer. L'Art de ménager les forces des chevaux, ou de toutes autres bêtes de trait, sans diminuer cette activité de l'industrie qui est la bâse de la véritable richeffe d'un Empire, eft pouffé au plus haut degré Les énormes charriots dont les jantes des roues ont feize pouces de largeur, roulent auffi facilement dans les rues les plus fréquentées de la Ville de Londres, que toutes autres voitures deftinées au tranfport; fans que les berlines, les diligences, les cabriolets même puiffent avoir à redouter de s'approcher de ces charriots, tandis qu'à Paris les Cochers de nos caroffes ont fouvent bien de la peine à les garantir des avaries que leur font éprouver les plus fimples tombereaux, lorfqu'ils ne peuvent éviter leur choc. La largeur des jantes des roues des voitures deftinées au roulage a déterminé ce premier avantage. Mais elle en procure un autre qu'on apprécieroit avec peine, & que l'on reconnoit fur-tout lorfque l'on fuit les traces de ces roues fur une grande route. Pour s'en faire une idée, il fuffit de favoir que les charriots qui ont des roues de feize pouces de largeur, & dont la charge eft d'environ dix-fept milliers pefant, ne roulent que fur fix pieds de largeur mefurés de dehors en dehors; de forte que le feul intervale qui exifte entre le bord

intérieur de chaque roue n'eſt que de trois
pieds & demi. Or , cet intervale de trois
pieds & demi eſt à peine entamé par les
pieds des chevaux, parce qu'ils ſont attelés
de manière, à l'aide de deux brancards fort
allongés & parallèles, que leur marche ſe
fait ſur la même partie de chemin que les
roues de ſeize pouces doivent parcourir ;
d'où il réſulte que le chemin ſur lequel
pluſieurs de ces voitures ont paſſé, eſt auſſi
uni que les allées de nos jardins, lorſqu'elles
ont été battues avant de recevoir le ſable
dont on a coutume de les recouvrir.

A la vérité, de tels charriots, dont les
jantes des roues ont ſeize pouces de largeur
ſont diſpendieux, puiſque leurs quatre roues
reviennent ſeules à plus de quatorze cents
livres. Mais leurs propriétaires ſont dédom-
magés de leurs avances par la diminution
du prix des péages qu'ils acquittent aux barrières, & par le poids dont ils peuvent les
charger.

Ce ſeroit, ſans doute, le moment de
développer le mécaniſme général de l'un
de ces charriots, & de tous autres dont les
jantes des roues ont moins de largeur ; car,

dàns Londres même , il y a beaucoup de voitures deftinées au tranfport, dont les roues ont à peine trois pouces d'épaiffeur. Mais à quoi ferviroit une telle defcription, lorfqu'on a la facilité de s'en procurer d'Angleterre des modèles qu'il faudroit bien finir par faire faire, fi l'on fe déterminoit à les établir. On trouve, d'ailleurs, dans les Mémoires de l'Académie, toute l'inftruction néceffaire à ce fujet. J'ai déjà eu occafion de rappeller que M. Defaguilliers , & avant lui M. de Camus, avoient effayés de faire conoître la manière la plus avantageufe d'employer la force des chevaux. En faifant venir d'Angleterre les modèles des voitures dont je viens de parler , on en rendroit palpables leurs moindres parties, & on auroit acquis une preuve pofitive de leurs avantages. Mais il ne faudroit point oublier, d'ajouter à ces recherches celles qui regardent la perfection des harnois, dont la légèreté mérite d'autant plus une férieufe attention, qu'il eft reconnu qu'on ne charge jamais un cheval d'un poids quelconque, fans que ce poids ne tende à diminuer fes forces. Je rapporterai à ce fujet une expérience qu'on a répetée en Angleterre, & qui n'eſt peut-être pas aſſez connue. Deux chevaux de courſe avoient ſucceſſivement diſputé le prix; cependant, il arrive que l'un des deux a trois fois de ſuite l'avantage ſur l'autre, &, comme le propriétaire du cheval qui avoit perdu, s'en étonnoit, ſon Jockey vint lui dire qu'il venoit de trouver dans ſa poche la clef de l'écurie, qu'il y avoit laiſſée par mégarde. On recommence les courſes, & l'on charge à ſon tour le cheval qui avoit gagné, de la même clef que l'on pouvoit préſumer avoir déterminé l'avantage qu'il avoit eu. En effet, il perd. On continue l'expérience, & le cheval qui étoit chargé de la clef (1), avoit

---

(1) Cette clef peſoit à peine une livre, & cependant un poids auſſi léget agiſſoit ſur la force du cheval d'une manière ſi ſingulière, qu'il en rallentiſſoit ſuffiſamment la marche, pour qu'il fût vaincu à la courſe, lorſqu'il ne pouvoit l'être avant d'en être chargé. Auſſi les Anglois ne peuvent-ils s'empêcher de rire, lorſqu'ils voient nos petits chevaux de poſte chargés d'un vieux Poſtillon, dont les habits, le manteau, le bonnet & les bottes pèſent plus que le poids qu'ils ſe permettroient de faire porter aux chevaux deſtinés au même uſage. Au reſte, pour éviter toute eſpèce de charges à leurs chevaux de poſte, ils les attèlent à des voitures à quatre roues, dont le diamètre de celles de devant eſt proportionné à la hauteur des épaules

conſtamment le déſavantage ſur l'autre. Ce fait, qui eſt à la connoiſſance de tous ceux qui ſe ſont occupés de l'Hiſtoire des courſes angloiſes, prouve combien il eſt avantageux de diminuer la peſanteur des harnois des chevaux. Auſſi, en Angleterre, a-t-on le plus grand ſoin que ces harnois ſoient auſſi légers qu'ils puiſſent l'être ; & ceux dont ſont garnis les chevaux qui ſont attelés aux énor‑mes charriots dont j'ai parlé, ſont auſſi cu‑rieux par leur élégante ſimplicité, que ceux de France étonnent par leur horrible peſan‑teur.

La manière de déterminer le tirage du cheval eſt également à conſidérer, & peut‑être de ce que l'opinion des Savants s'eſt trouvée en contradiction ſur la ſolution de ce problême, il eſt arrivé qu'en France l'action du tirage des chevaux a été impar‑faitement déterminée. Les Anglois ont pris

---

des chevaux qu'ils y deſtinent. J'obſerverai, à l'occaſion des poſ‑tes, qu'elles ſont infiniment mieux ſervies en Angleterre, qu'elles ne le ſont en France, qu'elles coûtent moins aux Voyageurs, & qu'elles rendent à l'état un revenu conſidérable. Elles préſentent conſéquemment, dans leur enſemble, une perfection dont les nô‑tres ſont encore éloignées.

un parti ; ils ont confidéré la force des mufcles du cheval fans égard à fa pefanteur ; &, d'après ce principe, ils ont donné à leur voiture un avantage infini fur les nôtres, qu'on reconnoîtroit à la première infpection des modèles que j'ai confeillé de faire venir d'Angleterre. Mais, en ouvrant cet avis, j'avois fur-tout intention de diriger l'opinion fur un objet de Police qui intéreffe tous les Ordres de Citoyens. J'ai dit que les carroffes n'avoient rien à redouter dans Londres des groffes voitures, dont ils ne pouvoient être heurtés. En effet, les moyeux des roues dont les jantes ont fix pouces de largeur font coupés à plomb du bord extérieur de ces jantes ; &, au moyen des angles que les bouts des effieux qui doivent fupporter les roues, font avec le corps même de l'effieu, les roues acquierrent un deverfement qui eft toujours de plus de fix pouces, & quelquefois a plus d'un pied : c'eft-à-dire que, tandis que les roues n'embraffent fur le pavé qu'un efpace de fix pieds, elles en occupent dans la partie de leur diamêtre, oppofée à celle qui eft appuyée contre terre, fouvent près de huit ; d'où il fuit que les effieux des

carroffes ne peuvent être heurtés par les
effieux de ces voitures, qui font elles-mêmes dans l'impoffibilité de s'accrocher. Si la
rue où elles fe trouvent eft trop ètroite,
pour qu'elles ne puiffent paffer deux de
front, il n'en paffe qu'une à-la-fois ; fans
que jamais ni les unes ni les autres effayent
de paffer, fi elles ne peuvent le faire, puifque leurs efforts deviendroient inutiles.

Ce même avantage qu'ont les voitures
d'Angleterre, deftinées au roulage, de ne
pouvoir accrocher les caroffes, ni s'accrocher entr'elles, fe retrouve fur les grandes
routes de ce pays. Car ces grandes routes
étant empierrées fur leur largeur, il ne paffe
jamais de front que les voitures qui peuvent y paffer. Sur les nôtres, au contraire,
où la largeur de la chauffée eft généralement fixée à dix huit pieds, à peine deux
voitures peuvent - elles y paffer de front ;
fans que l'une ou l'autre n'aye à craindre de
s'expofer au danger de verfer, puifqu'il peut
arriver, & qu'il arrive en effet journellement
& fur - tout en Hyver , que le chemin de
terre qui longe la chauffée ait fi peu de
confiftance, que la roue qui vient à s'appuyer

deffus, enfonce jufqu'au moyeu, tandis que l'autre refte foutenue fur un pavé qui, par fon bombement, détermine encore le verfement de la voiture. L'Entrepreneur-Général des Meffageries pourroit certifier, que fes diligences éprouvent un retard dans leur marche fur toutes les routes fréquentées par les Rouliers, & c'eft, fans doute, la raifon qu'il ne manque pas d'alléguer, toutes les fois que les plaintes des Voyageurs fe font entendre au Miniftre fur le rallentiffement de ce fervice. Les perfonnes qui voyagent en pofte, étant en général dans des voitures plus légères que celles des Meffageries, ont à craindre de plus grands inconvénients, parce qu'un Roulier qui fait qu'il n'a rien à redouter du choc de ces voitures, ne dérange point la fienne, & fe met peu en peine fi la marche des Courriers eft retardée, pourvu qu'il foit certain qu'il fera tranquillement fa route.

Enfin, pour terminer ce Chapitre par une obfervation frappante, il fuffit de faire remarquer que les chevaux deftinés au tranfport des Voyageurs en Angleterre, parcourent journellement, & par fervice réglé, foixante à foixante-quatre mille (1), ou environ vingt-fix de nos lieues, en moins de douze heures, travail dont nos chevaux de France feroient, peut-être, également capables, fi l'on fe gardoit, comme en Angleterre, de gêner leurs mouvements, & de détruire inutilement leurs forces.

Une autre réflexion eft la fuite néceffaire de celle que je viens de préfenter. Le nombre des chevaux employés au roulage, aux meffageries, aux poftes, étant comparativement moins confidérable qu'il ne l'eft en France, l'agriculture a bien moins à fouffrir de ce fervice en Angleterre ; & , fous ce rapport, l'établiffement des barrières, la perfection des grandes routes, la largeur des jantes des roues des voitures, la légèreté des harnois des chevaux, le mécanifme des voitures en général, le fervice des poftes & des Meffageries, font autant d'objets qui doivent fingulièrement exciter l'attention de

---

(1) Le mille d'Angleterre a été fixé par Henri VIII à 1760 yards ou verges de trois pieds, & par conféquent ce mille contient 5280 pieds Anglois, qui équivalent à 4957 pieds de Paris, ou à 826 de nos toifes; le rapport du pied Anglois au nôtre étant comme 1352 à 1440.

nos Adminiftrateurs, & fur lefquels les Anglois ont fur nous un fi grand avantage.
que nous ne faurions affez promptement les
imiter. Nous avons acheté d'eux l'art de faire
les bas au métier. Ils achètent de nous, ou
nous enlèvent journellement nos idées pour
les employer à leur ufage, lorfqu'ils en re-
connoiffent l'utilité. Pourquoi ne nous oc-
cuperions-nous pas de reprendre des Anglois ces mêmes idées qu'ils ont perfectionnées ? Ce raifonnement eft fi fimple, qu'on
ne fauroit ne pas en faifir facilement la
jufteffe. Les Géomêtres François les plus
célèbres, les d'Alembert, les Condorcet,
ne rougirent jamais des Découvertes que les
Newton, les Bernoulli, les Euller, les la
Grange firent dans les Hautes-Sciences. Les
Mémoires de l'Académie, notre Encyclo-
pédie, font traduits ou confultés par toutes
les Nations. Les connoiffances relatives à
l'Adminiftration intérieure des Empires,
lorfqu'elles n'intéreffent que l'induftrie, le
commerce & l'agriculture, ne font-elles pas
de tous les pays ? & le Souverain qui fauroit
emprunter des autres Souverains tout ce qui
pourroit contribuer à perfectionner dans fes

propres

propres États, ces trois branches effentielles d'économie politique, fi néceffaires à leur fplendeur, fi utiles au foulagement des Peuples, feroit, certes, affuré de vivre long-tems dans la mémoire des hommes. Je n'ai pu lire, fans la plus vive émotion, l'Infcription Latine gravée fur l'une des faces du piedeftal de ce que l'on appelle à Londres le Monument ; &, après l'avoir lue, je m'écriai : Heureux le Prince qui, comme Charles II, méritera de fes Sujets qu'on annonce à la Poftérité fes efforts & fes fuccès, pour affurer à jamais leur tranquilité, pour multiplier leurs jouiffances. J'étois confirmé dans cette opinion par l'Éloge de Louis XII, que nos plus grands Orateurs fe font, jufqu'à préfent, inutilement efforcés de faire entendre ; tant il eft difficile de célébrer dignement fa bonté, parce qu'en effet, un Roi bon étant un Dieu fur la terre, le fujet de l'Éloge de Louis XII eft, peut-être par cela même, au-deffus des moyens que fournit l'Éloquence. En fixant, enfin, mes regards fur les vertus du Monarque bienfaifant qui nous gouverne, je n'ai point héfité de lui adreffer mes réflexions, comme le plus pur hommage qu'il

O o

me fût permis de lui offrir pour lui prouver l'étendue de mes vœux pour l'accroissement de la gloire dont il ne cesse de se couvrir, en remplissant tout-à-la-fois & l'espoir de la France, & celui des différentes Nations qui, dans les deux mondes, avoient tout à redouter des Puissances dont elles excitoient l'ambition.

Fin du Tome premier.

TABLE

DES CHAPITRES

CONTENUS DANS LE TOME PREMIER.

L'objet de ce Chapitre est de démontrer la difficulté de faire une loi relative à la possibilité d'empêcher les dégradations des routes, sans exciter les réclamations du commerce. On expose l'étendue de la question relative à un Réglement sur le roulage. On entre à ce sujet dans quelques détails sur la force des chevaux, sur l'espèce des voitures les plus propres au transport, sur la largeur qu'il conviendroit de donner aux jantes des roues des voitures. On discute, enfin, les divers Arrêts du Conseil qui ont été rendus sur le fait du roulage, & l'on démontre les raisons qui devoient s'opposer à leur exécution.

On indique, dans ce Chapitre, l'origine des Péages établis sur les rivières, les abus qui se sont introduits dans leur perception, & la nécessité de débarrasser de pareilles entraves, les routes que la Nature a ouvertes au commerce.

On expose, dans ce Chapitre, la Possibilité de faciliter l'Établissement d'un systême général de Navigation intérieure. On démontre qu'il s'opéreroit naturellement, si l'on rétablissoit la

O o ij

proportion qui doit exister entre le prix du transport par terre, & le prix du transport par eau. On entre dans quelques détails relatifs aux moyens que l'Angleterre, & quelques autres États de l'Europe, ont mis en usage pour la confection & l'entretien de leurs chemins. On développe les abus de la corvée, & l'on discute en même tems les différentes méthodes qui ont été employées dans plusieurs Provinces, & particulièrement en Berry, pour la suppléer. On propose, enfin, un moyen simple pour en opérer la suppression générale dans le Royaume ; moyen dont la classe indigente de la Société retireroit le plus grand avantage, sans que, cependant, le riche eût à craindre que les charges de ses impositions en fussent augmentées.

L'on démontre 1°. que l'impôt proposé dans le Chapitre précédent suffiroit pour suppléer les corvées. 1°. On prouve que le commerce supporteroit à peine un sixième de ce nouvel impôt, & qu'il en retireroit de si grands avantages, qu'il seroit bientôt dédommagé du sacrifice qu'il paroîtroit au premier coup-d'œil, qu'on auroit intention d'en exiger. 3°. On fait voir que ce même impôt, qui suppléroit la corvée, doit être levé pour le compte du Gouvernement, & qu'on peut éviter d'en confier la perception à une Compagnie, en démontrant que son établissement, loin d'exiger aucune avance du Trésor Royal, pourroit, au contraire, y faire verser un secours instantané de VINGT-QUATRE MILLIONS. 4°. On présente un projet de loi qui offre le résumé des avantages qu'on a énoncés ci-dessus, & la possibilité de rassurer les Peuples sur la crainte que le produit de l'impôt qui devroit suppléer les corvées, pût être diverti à un autre usage. On termine, enfin, ce Chapitre par des réflexions générales sur le service des postes, des messageries & du roulage en Angleterre, en indiquant comme objet essentiel de Police, la perfection mécanique que les Anglois ont donnée aux différentes voitures destinées à cet usage.

Fin de la Table du Tome premier.